# Ensaios sobre História e Filosofia das Ciências I

Scientiarum Historia et Theoria Studia, volume 4

Roberto de Andrade Martins

# Ensaios sobre História e Filosofia das Ciências I

Extrema
Quamcumque Editum
2021

roberto.andrade.martins@gmail.com

Edição impressa – ISBN: 978-65-996890-6-2
E-book – ISBN: 978-65-996890-7-9

# Sumário

# PRÓLOGO

Este volume contém cinco ensaios sobre história e filosofia da ciência. Embora tenham sido escritos alguns anos atrás, nenhum deles havia sido publicado anteriormente, por uma série de motivos que não serão descritos aqui. Não fiz nenhuma tentativa de atualizá-los ou de complementar a pesquisa descrita nos mesmos. Foram feitos apenas alguns ajustes de formatação e correções simples.

(1) O *Tratado da Esfera* de André do Avelar (1593)

Este estudo foi desenvolvido para apresentação no 9º Seminário Nacional de História da Ciência e da Tecnologia, da Sociedade Brasileira de História da Ciência, realizado no Rio de Janeiro, RJ, de 08-10 de outubro de 2003. Não foi publicado, mas circulou sob forma digital, na Internet. Está sendo publicado aqui em sua forma original. Recentemente, publiquei um trabalho mais extenso e atualizado sobre o assunto, em inglês, que foi apresentado no *workshop The authors of the early modern commentaries on De sphaera*, realizado no Max Planck Institut für Wissenschaftsgeschichte, Berlin, 13-15 de Fevereiro de 2018.[1]

(2) O surgimento da mecânica quântica – uma ou duas teorias?

Este artigo é a fusão de dois textos inéditos, escritos em 2004-2006. O ensaio aqui apresentado aborda o período de criação da

[1] MARTINS, Roberto de Andrade. André do Avelar and the teaching of Sacrobosco's *Sphæra* at the University of Coimbra. Pp. 313-358, *in*: VALLERIANI, Matteo (ed.). *De Sphaera of Johannes de Sacrobosco in the early modern period: the authors of the commentaries*. Dordrecht: Springer Nature, 2020.

mecânica quântica propriamente dita, em 1925-1926. Com relação à fase anterior de desenvolvimento da teoria quântica, pode-se consultar o livro publicado em colaboração com Pedro Sérgio Rosa.[2] Publiquei também uma análise mais detalhada sobre os primeiros artigos de Schödinger,[3] que pode ser lido para complementar a breve descrição apresentada aqui.

(3) Ibn al-Haytham e a revolução medieval na Óptica

Este estudo foi elaborado em 2015, como preparação para uma conferência sobre "A óptica de Ibn al-Haytham: 1.000 anos de luz" ministrada durante a 67ª Reunião Anual da SBPC, realizada na Universidade Federal de São Carlos, de 12 a 18 de julho de 2015. Uma versão muito curta foi depois divulgada pela SBPC.[4] O ensaio mais extenso está sendo publicado aqui pela primeira vez, com a adição de apêndices contendo traduções de textos de pesquisadores islâmicos citados no trabalho.

(4) O formalismo da mecânica clássica, de Aristóteles a Galileo
(5) O desenvolvimento do formalismo da mecânica clássica, de Christiaan Huygens e Isaac Newton até Leonhard Euler

Estes dois artigos, que se complementam mutuamente, foram escritos em meados de 2017, mas não foram publicados. Poderiam ter sido fundidos em um único ensaio, mas preferi

---

[2] MARTINS, Roberto de Andrade; ROSA, Pedro Sérgio. *História da teoria quântica: a dualidade onda-partícula, de Einstein a De Broglie*. São Paulo: Livraria da Física, 2014.

[3] MARTINS, Roberto de Andrade. De Louis de Broglie a Erwin Schrödinger: uma comparação. Pp. 393-409, in: FREIRE JR, Olival; PESSOA JR., Osvaldo; BROMBERG, Joan Lisa (orgs). *Teoria quântica: estudos históricos e implicações culturais*. Campina Grande: EDUEPB; São Paulo: Livraria da Física, 2010.

[4] MARTINS, Roberto de Andrade. A Óptica de Ibn al-Haytham – 1.000 anos de luz. *Anais da 67ª Reunião Anual da SBPC*. São Paulo: Sociedade Brasileira para o Progresso da Ciência, 2015. <http://www.sbpcnet.org.br/livro/67ra/PDFs/arq_3909_1804.pdf>

manter o formato original, em duas partes. É possível que alguns leitores só se interessem por um deles, assim essa divisão pode ser útil para eles.

**Sobre o autor**

Os principais temas de pesquisa de Roberto de Andrade Martins são: fundamentos da física (especialmente da teoria da relatividade), história da ciência (especialmente história da física, da matemática, da química, da astronomia e da biologia) e filosofia da ciência. Publicou mais de 200 atrabalhos sobre esses assuntos e orientou mais de 30 disertações e teses sobre seus temas de pesquisa.

Roberto de Andrade Martins graduou-se em Física na Universidade de São Paulo (USP, 1972) e obteve seu doutoramento em Lógica e Filosofia da Ciência na Universidade Estadual de Campinas (UNICAMP, 1987). Foi professor da Universidade Estadual de Londrina (UEL), da Universidade Federal do Paraná (UFPR) e da Universidade Estadual de Campinas (UNICAMP), onde trabalhou durante a maior parte de sua carreira acadêmica. Depois de se aposentar da UNICAMP em 2010, foi professor visitante na Universidade Estadual da Paraíba (UEPB), da Universidade de São Paulo em São Carlos (USP) e da Universidade Federal de São Carlos (UFSCar). Desde 2016, é colaborador da Universidade Federal de São Paulo (UNIFESP).

Criou e coordenou o Grupo de História e Teoria da Ciência (GHTC) na UNICAMP, de 1990 até 2010. Foi presidente da Sociedade Brasileira de História da Ciência (SBHC) e da Associação de Filosofia e História da Ciência do Cone Sul (AFHIC). Foi bolsista de produtividade em pesquisa do Conselho Nacional de Desenvolvimento Científico e Tecnológico (CNPq) durante mais de 40 anos.

# O TRATADO DA ESFERA DE ANDRÉ DO AVELAR (1593)

Roberto de Andrade Martins

**Resumo**: Este trabalho analisa a obra *Sphæræ vtrivsquæ tabella, ad sphæræ huius mundi faciliorem enucleationem* (publicada em 1593) de André do Avelar (aprox. 1546-1621), comparando-o com o *Tractatus de Sphæra* de Johannes de Sacrobosco e algumas outras versões dessa obra do século XVI. A *Sphæra* de Avelar se baseia no texto de Sacrobosco, porém o autor procurou atualizar e complementar o texto medieval em diversos pontos. Adicionou várias informações quantitativas e tabelas inexistentes no texto de Sacrobosco, destacando-se a tabela que fornece a declinação do Sol ao longo do ano, que era essencial para a determinação de latitudes. Alguns outros aspectos que diferenciam o texto de Avelar são a menção, em vários pontos, de Manilius; a utilização de informações que se tornaram disponíveis graças às navegações ibéricas, como o conhecimento do Cruzeiro do Sul e das nebulosas escuras, e uma nova avaliação do tamanho da Terra. As alterações e adições de Avelar são bastante adequadas, considerando-se o conhecimento da época, resultando em um manual superior ao texto de Sacrobosco. Sob o ponto de vista de informações quantitativas, a obra de Avelar é mais rica do que a de Pedro Nunes, e mais adequada do que aquela para o uso dos navegantes – o contrário do que esperaríamos. Supera também alguns outros textos da época.

**Palavras-chave**: história da astronomia; história da ciência em Portugal; Tratado da Esfera; Avelar, André do; Sacrobosco, Johannes de

MARTINS, Roberto de Andrade. *Ensaios sobre História e Filosofia das Ciências I*. Extrema: Quamcumque Editum, 2021.

## 1. INTRODUÇÃO

O período das grandes navegações realizadas pelos portugueses e espanhóis levou a um forte interesse pela astronomia, por sua grande importância prática. Os pilotos precisavam conhecer as mudanças da posição do Sol ao longo do ano, conhecer as constelações, medir a latitude por medidas astronômicas, determinar o próprio tempo através de observações das estrelas, etc. (Albuquerque, 1987).

Logo surgiram pequenos manuais práticos, os "regimentos", destinados a ensinar os procedimentos práticos necessários aos navegadores. Mas sentia-se também a necessidade de um conhecimento teórico que acompanhasse essas regras práticas, e por isso encontramos, nos dois primeiros guias náuticos publicados em Portugal no século XVI, uma tradução portuguesa do *Tratado da esfera* de Sacrobosco acompanhando o manual prático (Albuquerque, 1965; Bensaude, 1912). Em 1537 Pedro Nunes (1502-1578) publicou uma terceira edição do texto de Sacrobosco em português (Nunes, 1537), acompanhada de comentários. Ele também publicou um resumo do *Tractatus de sphæra*, em latim.

Há um texto seiscentista, atribuído geralmente a Dom João de Castro, que apresenta um comentário em forma de diálogo ao texto de Sacrobosco, mas que permaneceu inédito até meados do século XX (Castro, 1940). Um estudo histórico recente desse tratado dialogado lança fortes dúvidas, no entanto, sobre sua autoria (Cardoso, 2004).

Além dessas traduções e comentários, surgiu no final do século XVI um tratado sobre a esfera, escrito em latim por André do Avelar, que se baseou fortemente na obra de Sacrobosco (Avelar, 1593). Não houve outras edições (seja em latim, seja em português) do *Tratado da esfera* em Portugal, no século XVI ou nos seguintes.

O presente trabalho analisa o tratado latino sobre a esfera de André do Avelar, comparando-o com a obra de Johannes de Sacrobosco e com alguns outros tratados sobre a esfera do século XVI.

## 2. VIDA E OBRA DE AVELAR

André do Avelar (aprox.. 1546-1622) foi professor de matemática na Universidade de Coimbra, de 1592 a 1616 (ou 1620). Publicou durante sua vida duas obras sobre astronomia: o *Reportorio* dos *Tempos, o mais copioso que até agora sahio a luz*, que teve quatro edições (de 1585 a 1602); e a *Sphœrœ vtrivsque tabella, ad sphœrœ huius mundi faciliorem enucleationem*, que teve uma única edição, em 1593. A primeira dessas obras foi recentemente estudada por Adalgisa Botelho da Costa (2001).[1]

Há poucas informações biográficas sobre André do Avelar. Diogo Barbosa Machado informa, na *Bibliotheca Lusitana*, que Avelar nasceu em Lisboa, no ano de 1546, sendo incerta a data de sua morte, porém que estava ainda vivo em 1622 (Machado, 1965-1967, vol. 1, pp. 137).

Sabe-se que ele nasceu em Lisboa, pois ele próprio fornece essa informação na folha de rosto dos livros que publicou[2]. O ano de seu nascimento é inferido a partir de declarações que ele próprio prestou à Inquisição, em 1620. Nos autos consta estar Avelar com setenta e quatro anos de idade, daí a ideia de que nascera em 1546, em concordância com a informação apresentada por Diogo Barbosa Machado. Sabe-se que estudou na Espanha, em Salamaca e Valladolid, e obteve o título de Mestre em Artes, tendo também estudado Teologia (Almeida, 1967, p. 32).

---

[1] O presente trabalho foi elaborado em 2003, para apresentação no 9º Seminário Nacional de História da Ciência e da Tecnologia, da Sociedade Brasileira de História da Ciência (SBHC), Rio de Janeiro, RJ, 08-10 de outubro de 2003. Não foi publicado, tendo no entanto circulado pela Internet. Recentemente, o autor publicou um estudo muito mais detalhado sobre o assunto, que complementa e corrige alguns aspectos do presente artigo (Martins, 2020).

[2] Na folha de rosto do *Reportorio dos tempos*, consta: "feito por Andre do Avelar, natural de Lisboa". Na folha de rosto do *Sphœrœ utriusque tabella*, lê-se: "Autore Andrea d'Avellar Olysiponensi" (Olysipone era uma das formas latinas do nome da cidade de Lisboa).

André do Avelar foi um dos oito filhos de Galas do Avelar e Violante Fernandes. Consta que seus ascendentes eram cristãos novos, embora o sobrenome não sugira isso. Avelar se casou com Luiza de Faria, e "teve larga descendência", de acordo com Diogo Barbosa Machado (1965-1967, vol. 4, pp. 15-16). Segundo o mesmo autor, Avelar foi matemático e professor dessa matéria na Universidade de Coimbra no período de 1592 a 1612. Innocencio Francisco da Silva, no *Diccionario Bibliographico Portuguez*, repete as informações biográficas apresentadas por Diogo Barbosa Machado (Silva, 1858-1923, vol. 1, p. 58).

A grafia de seu nome, nos documentos antigos, era geralmente Andre Davellar ou Andre de Avellar, mas aparecem também as formas Andre de Avelar, Andre Davelar, e outras. Manoel Lopes de Almeida publicou uma assinatura de André de Avelar que mostra a grafia *Andre dauelar* (Almeida, 1967, p. 48). No entanto, na sua obra *Reportorio dos tempos*, seu nome está grafado como Andre do Avelar, por isso adotamos essa grafia, acrescentando o acento em "André".

Em 1585, aos 39 anos de idade, Avelar publicou sua obra *Reportorio dos tempos*. Esse livro trata principalmente sobre astronomia e astrologia e foi recentemente estudado por Adalgisa Botelho da Costa. Em sua maior parte, o *Reportorio dos tempos* de Avelar é uma tradução da *Chronologia e Reportorio de los Tiempos* de Jerónimo de Chaves, embora tenham sido notadas algumas diferenças interessantes (Costa, 2001, cap. 4).

> André de Avelar, a quem já fizemos referência, escreveu, sob o título *Cronografia ou Reportório dos Tempos*, um livro, publicado pela primeira vez em 1585, e consagrado à descrição da esfera celeste, à cosmografia e à exposição de todas as regras para o cômputo dos tempos e para os usos da náutica. Esta obra teve uma grande aceitação, como o comprova as suas sucessivas edições. (Osório, 1986, p. 121)

De fato, o *Reportorio dos Tempos* de Avelar teve bastante sucesso e foi reeditado em 1590, 1594 e 1602[3].

Não há informações sobre sua profissão até 1591, quando iniciou a carreira como professor em Coimbra. Porém sabe-se que ele havia constituído família, tinha vários filhos e era pobre. No final daquele ano, Avelar se candidatou à cadeira de Matemática da Universidade de Coimbra, que havia estado vaga desde 1563. Foi examinado no início de janeiro de 1592, e aprovado: "foi assentado que se desse posse da dita cad.ra [cadeira] ao dito andre dauellar visto como naõ teue oppositor E ser hum dos mores homens que há nesta ciençea" (Almeida, 1967, p. 48). Nota-se, por este parecer, que Avelar já devia ter alguma fama e reconhecimento na área de matemática (astronomia). Mas não se sabe a que se deveria isso; talvez fosse apenas pela publicação do *Reportorio dos tempos*. Tudo indica que André do Avelar se dedicou durante muitos anos ao estudo da astronomia e da astrologia, provavelmente partindo desta última e adquirindo depois um domínio da astronomia técnica por causa de suas obrigações como professor.

---

[3] As referências completas das quatro edições são estas: (1) AVELAR, André do. *Reportorio* dos *Tempos, o mais copiofo que até agora fahio a luz, conforme à nova reformação do fancto Padre Greg. XIII. Anno 1582*. Lisboa: Manoel Lyra, 1585; (2) AVELAR, André do. *Reportorio dos tempos o mais copioso que ate agora saio a luz, conforme a noua reformação do sancto Papa Gregorio XIII* [...] Nesta segunda impressam reformado e acrescentado pelo mesmo author[...] Lisboa: Manoel de Lyra, 1590; (3) AVELAR, André do. *Chronographia ov Reportorio dos tempos o mais copioso qve te agora sayo a luz, conforme a noua reformação do sancto Papa Gregorio XIII* [...] Nesta terceira impressão reformado & acrecentado pelo mesmo author[...] Lisboa: Simão Lopez, 1594; (4) AVELAR, André do. *Chronographia ou Reportorio dos tempos, o mais copioso que te agora sayo a luz* [...] Nesta quarta impressam reformado & accrescentado pello mesmo author [...] Lisboa: Jorge Rodriguez, 1602. A terceira edição é descrita por alguns autores como tendo sido publicada em Coimbra, por Antonio de Barreira, em 1590 ou 1593, mas tal informação é certamente incorreta.

Devemos assinalar que a astronomia era pouco cultivada em Portugal, na época. Durante o século XVI, foram publicados em Portugal cerca de 1800 livros, dentre os quais se encontram apenas 29 referentes a astronomia, matemática e "reportórios". (Macedo, 1975, p. 204). Com 4 publicações, Avelar foi responsável por mais de 13% da produção nessa área.

Ao assumir a cátedra de Matemática da Universidade de Coimbra, André do Avelar tornou-se o sucessor do famoso Pedro Nunes (Osório, 1986, p. 121). Nunes havia ensinado matemática na mesma Universidade de 1544 a 1557, e desde então a cadeira ficou vaga, com substituições eventuais por Pedro de Sousa Pereira, Frei Nicolau Coelho do Amaral, Álvaro Nunes e Pedro da Cunha. Em Portugal, desde a época de Pedro Nunes, a matemática era ensinada, juntamente com a astronomia segundo duas linhas diferentes. Em Coimbra, no curso médico ensinava-se a Geometria de Euclides, o Tratado da Esfera de Sacrobosco e a Teoria dos Planetas de Purbach, com o objetivo de fornecer subsídios para a astrologia médica e, por vezes, judiciária. Em Lisboa, o ensino era voltado para a formação de pilotos e outros navegadores (Oliveira, 1986, p. 82). No caso de Avelar, sua obra astrológica deve ter contribuído positivamente para sua contratação na Universidade.

Em 1593, o ano seguinte ao seu ingresso como docente na Universidade de Coimbra, Avelar publicou uma nova obra, em latim: *Sphœrœ utriusque tabella ad sphœrœ huius mundi faciliorem enucleationem*. Esta obra foi dedicada por ele a Dom Fernando Martins Mascarenhas, reitor da Universidade de Coimbra. É muito provável que esse livro fosse utilizado por Avelar em suas aulas. Essa obra nunca foi reeditada, não tendo tido portanto o mesmo sucesso de seu outro livro – provavelmente por ser escrita em latim. No ano seguinte, Avelar publicou a terceira edição do seu *Reportorio dos tempos*.

Avelar parece ter tido muitos problemas para manter sua família, de acordo com os registros existentes (Almeida, 1967). Procurou suprir suas necessidades através de cargos adicionais.

Tentou, mas não conseguiu, ser encarregado da biblioteca da Universidade. Foi Guarda do Cartório da Universidade de Coimbra. Depois de viúvo, fez votos religiosos, tornando-se presbítero. Indicado pela Universidade, obteve a posição de Tercenário da Catedral de Coimbra, que lhe proporcionou uma renda adicional. (Machado, 1965-1967, vol. 1, pp. 137-138).

Avelar lecionou em Coimbra durante 20 anos, adquirindo em 1612 – aos 66 anos de idade – o direito de ser jubilado (isto é, aposentado com vencimentos). Logo em seguida, no entanto, foi recontratado por mais quatro anos. Durante sua carreira profissional obteve vários cargos universitários remunerados, e parece ter desempenhado suas atividades de ensino a contento, como se vê declarado na sua carta de jubilação, concedida por Dom Filipe:

> [...] O dito mestre Andre de auelar tem lido na dita uniuercidade uinte Annos inteiros Conforme aos estatutos mathematica Com os quais tem Jubilado E me pedia lhe fizece merce de lhe mandar pasar Carta Em forma de iubilacaõ E avendo Eu Respeito a emformacaõ que me deo o R.$^{tor}$ [reitor] de ter lido o dito mestre Com satifacaõ dos Ouuintes, Ej por bem E me apraz de lhe fazer .m. de o iubilar na Cadeira de mathematica [...] (*apud* Almeida, 1967, p. 59).

No mesmo ano de sua recontratação, Avelar foi denunciado ao Santo Ofício, iniciando-se então uma série de dificuldades, culminando com um processo formal em 1620, aos 74 anos de idade. O motivo poderia ter relação com seu trabalho astrológico, pois na mesma época foram condenados os *Reportórios dos tempos* de Jerônimo de Chaves e de João Barreira (Oliveira, 1986, p. 100). Deve-se, no entanto, mencionar que a astrologia não era proibida pela Igreja Católica, nessa época. Na "Aula da Esfera" do Colégio de Santo Antão, em Lisboa, vários padres ensinaram astrologia, como o Pe. Francisco da Costa (1595 a 1602), o Pe. João Delgado (1600 a 1612) e outros posteriores (Oliveira, 1986, p. 86).

Nas primeiras décadas do século XVII existia uma crise institucional da Universidade e um período de muitos processos de acusações relacionados à presença e atividade dos cristãos-novos em Portugal. Aparentemente, foi por ser descendente de judeus e por ter sido acusado de práticas religiosas judaicas que André do Avelar caiu nas malhas do Santo Ofício. Armando Carneiro da Silva fornece mais detalhes:

> Inocêncio acusa-o – parece que injustamente – de haver delatado de judaísmo ao Tribuna do Santo Ofício o seu colega António Homem, que veio a morrer supliciado na Ribeira, em Lisboa, a 5 de Maio de 1624.
>
> Soube-se posteriormente que não foi delator, mas serviu de testemunha de acusação no processo que levou à fogueira aquele seu infeliz colega.
>
> Bem caro pagou a delação ou acusação feita anos antes, pois que ao findar da sua vida, já com mais de 70 anos, se viu horrorosamente acusado por seu filho e três filhas todas freiras, de seguir a lei judaica, o que lhe valeu ser encarcerado nas masmorras da Inquisição, julgado como deísta, dogmatisma, blasfemo e ateísta. Saiu no auto de fé realizado em Coimbra a 18 de Junho de 1623, com carocha e mordaça, e livrou-se de ser feito em cinza em atenção à sua provecta idade. (Silva, 1955)

Avelar foi assim condenado ao cárcere perpétuo, escapando da fogueira por sua idade avançada. Não se sabe exatamente o ano de sua morte, que parece ter sido pouco tempo depois – talvez em 1622.

Sobre a personalidade de Avelar, há um curioso indício que parece não ter ainda chamado a atenção dos historiadores. Na folha de rosto de suas obras aparece um emblema (Fig. 1) mostrando folhas de erva dobradas pelo vento, cercadas por uma moldura elíptica, onde se lê: "Flectimur sed non frangimur", ou seja, somos dobrados mas não somos quebrados[4]. O mesmo

---

[4] O dístico colocado no emblema de Avelar é uma variação de outros comuns na época, como "Flectimur non frangimur undis" (somos

emblema aparece nas obras de Avelar publicadas por diferentes impressores; assim, deve-se supor que não se trata de uma identificação do tipógrafo, e sim do próprio autor. Ostentando esse emblema, Avelar parece querer nos mostrar, orgulhosamente, que é uma pessoa flexível mas que não se deixa vencer.

**Fig. 1.** Emblema utilizado por André do Avelar na folha de rosto de suas obras, com o dístico "Flectimur sed non frangimur".

## 3. A "ESFERA" DE AVELAR

A obra de André do Avelar que será analisada no presente trabalho é um "tratado da esfera" em latim, em cuja folha de rosto encontramos:

- AVELAR, André do. *Sphœrœ utriusque*[5] *tabella ad sphœrœ huius mundi faciliorem enucleationem.* Autore Andrea

---

dobrados, não quebrados pelas ondas), "Flecti, non frangi" (dobrar-se, não se quebrar) e "Flectimur, non frangimur" (somos dobrados, não somos quebrados).

[5] Na folha de rosto do livro, esta palavra está gravada de forma abreviada como *utriusq;* – que pode ser expandida como *utriusque* ou *utriusqœ*, mas esta segunda grafia é pouco comum.

d'Avellar Olysiponensi, Artium, ac Philosophiæ magistro, & publico in Conimbricensi Academia Mathematum professore. Conimbricae: Antonius Barrerius, 1593.

O título pode ser traduzido como "Tabela de ambas as esferas, para esclarecimento mais fácil da esfera deste mundo". É um nome pouco comum, que pode ter sido inspirado na obra *Poeticon astronomicon* de Hyginus, que havia sido publicada no início do século com o seguinte título:

- HYGINUS, Caius Julius. *De mundi et sphæræ ac utriusque partium declaratione cum planetis et variis signis historiatis*. Venezia: Melchior Sessa & Pietro Ravani, 1517.

A *Esfera* de Avelar se baseia, principalmente, no *Tratado da Esfera* de Johannes de Sacrobosco. Divide-se, como o modelo, em quatro partes, que correspondem muito de perto ao texto de Sacrobosco, porém com a inversão de ordem da primeira e da segunda partes. Assim, a primeira parte da *Esfera* de Avelar, em nove folhas, apresenta os círculos mais importantes da esfera celeste, e seus correspondentes na Terra. A sequência e o conteúdo são quase idênticos aos do *Tratado da Esfera* de Sacrobosco, com diferenças de detalhes – por exemplo, um valor mais atual de 23° 30' para a obliquidade da eclíptica, ao contrário do valor de 23° 33' apresentado por Sacrobosco.

A segunda parte, com 45 folhas, descreve a natureza da esfera do mundo e suas partes. Aqui, Avelar utiliza uma sequência diferente da de Sacrobosco, discutindo a parte celeste do universo (éter, movimento e forma dos céus) após o capítulo 9, em que trata do tamanho da Terra. Menciona a teoria da trepidação e a existência de 10 orbes celestes, em vez dos 9 mencionados por Sacrobosco, seguindo a alteração proposta por Alfonso X. Além disso, adiciona várias informações quantitativas e tabelas inexistentes no texto de Sacrobosco, destacando-se a tabela que fornece a declinação do Sol ao longo do ano, que era essencial para a determinação de latitudes. Alguns outros aspectos que diferenciam o texto de Avelar do seu modelo medieval é a menção, em vários pontos, de Manilius; a utilização de informações que se tornaram disponíveis graças às navegações ibéricas, como o conhecimento do Cruzeiro do Sul, das nebulosas escuras, e uma nova avaliação do tamanho da Terra. Apresenta também algumas informações astrológicas sobre os signos, e relaciona os quatro elementos com os quatro humores, as estações do ano e as idades humanas.

A terceira parte, que abrange 39 folhas, segue de perto a estrutura e o conteúdo do terceiro capítulo da obra de Sacrobosco, tratando sobre o nascimento e o ocaso dos signos, a diversidade da duração dos dias e das noites, e sobre os climas. Nota-se também nessa parte a introdução de tabelas quantitativas, por parte de Avelar, como a que indica os graus da equinocial correspondentes aos vários signos do zodíaco, tanto na esfera reta como na esfera oblíqua, para a latitude de Lisboa. Ao tratar dos climas, Avelar comenta que Ptolomeu havia descrito 21 paralelos e 7 climas, mas que os autores mais recentes introduziam 23 climas e 49 paralelos – e fornece uma tabela com os dados sobre esses climas, e para a variação da duração do dia ao longo do ano. A não ser por alguns aspectos como esses, Avelar segue Sacrobosco, copiando as citações literárias de Lucano, Ovídio e Virgílio que abundam no capítulo correspondente do original.

Como no *Tratado da Esfera* de Sacrobosco, a quarta e última parte da obra de Avelar é muito curta (11 folhas) e trata sobre os movimentos do Sol e da Lua, bem como sobre os seus eclipses. Aqui, novamente, há a preocupação de fornecer uma teoria mais detalhada, fazendo menção às contribuições de Alfonso X e fornecendo dados numéricos sobre o movimento da Lua. No entanto, como ocorre no modelo medieval, os planetas não são tratados detalhadamente.

Para permitir uma confrontação detalhada entre a obra de Avelar e o texto de Sacrobosco, utilizamos a edição realizada por Thorndike. Como o texto de Sacrobosco possui apenas 4 grandes divisões, os seus vários parágrafos (conforme divididos por Thorndike)[6] foram numerados, e sua sequência foi comparada à dos capítulos de Avelar. A tabela abaixo mostra o resultado dessa comparação, para as duas primeiras partes (onde há várias diferenças). No caso da terceira e da quarta partes, as diferenças são mínimas.

| AVELAR, *Sphæræ utriusque tabella* | SACROBOSCO, *Tractatus de Sphæra* |
|---|---|
| **Parte I – Sobre a esfera material, e os círculos de que ela é composta** | |
| Cap. 1-1 – Descrição da esfera material | 1.1 e 1.2 |
| Cap. 1-2 – Sobre os círculos da esfera material | 2.1 |
| Cap. 1-3 – Sobre a equinocial | 2.2 |
| Cap. 1-4 – Sobre o zodíaco | 2.6 |
| Cap. 1-5 – Sobre o coluro dos solstícios | 2.11 e 2.12 |
| Cap. 1-6 – Sobre o coluro dos equinócios | 2.13 |
| Cap. 1-7 – Sobre o meridiano | 2.14 |
| Cap. 1-8 – Sobre o horizonte | 2.15 |
| Cap. 1-9 – Sobre o trópico de Câncer | 2.17 |
| Cap. 1-10 – Sobre o trópico de Capricórnio | 2.17 |
| Cap. 1-11 – Sobre o círculo Ártico | 2.18 |
| Cap. 1-12 – Sobre o círculo Antártico | 2.18 |
| Tabela dos círculos da esfera material | |

| AVELAR, *Sphæræ utriusque tabella* | SACROBOSCO, *Tractatus de Sphæra* |
|---|---|
| **Parte II – Sobre a esfera do mundo, ou natural, e suas partes** | |
| Cap. 2-1 – Descrição da esfera natural | 1.2 |
| Cap. 2-2 – Sobre a divisão acidental da esfera natural | 1.4 |

[6] Não existe uma divisão padronizada dos parágrafos do texto de Sacrobosco. De fato, como o texto circulou sob forma de manuscrito durante mais de 200 anos, os copistas dividiram o texto de diferentes formas. A partir do século XV, quando a obra foi impressa, houve também uma grande variabilidade no modo de dividir o texto. Adotamos a divisão de Thorndike por comodidade – por ser uma edição facilmente acessível.

| | |
|---|---|
| Cap. 2-3 – Sobre a divisão da esfera natural quanto à substância | 1.3 |
| Cap. 2-4 – Sobre a região elementar | 1.5 |
| Cap. 2-5 – Sobre o globo de terra e água, e seu centro | 1.11 |
| Cap. 2-6 – Que o globo de terra e água está no meio do universo | 1.15 |
| Cap. 2-7 – O conjunto de terra e água é como um ponto e centro em relação ao firmamento | 1.16 |
| Cap. 2-8 – Que o globo de terra e água está em repouso, imóvel | 1.17 |
| Cap. 2-9 – Sobre o tamanho do globo de terra e água | 1.18 |
| Cap. 2-10 – Sobre a região etérea, ou celeste | 1.6 |
| Cap. 2-11 – Que o céu se move do oriente para o ocidente | 1.8 |
| Cap. 2-12 – O céu tem figura esférica | 1.9 e 1.10 |
| Cap. 2-13 – Sobre os círculos da esfera natural e, primeiro, sobre a equinocial | 2.1 e 2.2 |
| Tabela de conversão dos graus da equinocial | |
| Cap. 2-14 – Sobre o zodíaco | 2.6 |
| Tabela de entrada do Sol nos 12 signos | |
| Tabela da declinação do Sol | |
| Cap. 2-15 – Sobre os dois coluros | 2.11 até 2.13 |
| Cap. 2-16 – Sobre o meridiano e o horizonte | 2.14 e 2.15 |
| Cap. 2-17 – Sobre os quatro círculos menores | 2.18 |
| Cap. 2-18 – Sobre as cinco zonas | 2.20 |
| Tabela da esfera natural | |

## 4. DIFERENÇAS DE CONTEÚDO

As tabelas que aparecem na obra de Avelar não possuem equivalente no texto de Sacrobosco, e pareceram tão importantes para o autor, que ele as destacou no próprio título do livro.

Nota-se que vários dos temas tratados por Sacrobosco na segunda parte do *Tractatus de Sphaera* aparecem tanto na primeira quanto na segunda parte da obra de Avelar. Há um certo grau de superposição e repetição, já que Avelar trata sobre a equinocial nos capítulos 1.3 e 2.13; sobre o zodíaco nos capítulos 1.4 e 2.14; sobre os coluros nos capítulos 1.5-6 e 2.15; sobre o meridiano e o horizonte nos capítulos 1.7-8 e 2.16; sobre os trópicos e círculos polares nos capítulos 1.9-12 e 2.17. O Apêndice I do presente artigo apresenta, de forma gráfica, as relações entre os parágrafos de Sacrobosco e os capítulos de Avelar.

A estrutura adotada por Avelar tem certa justificativa, no entanto. Por um lado, na primeira parte ele procura introduzir de forma rápida e simples a nomenclatura geral dos círculos da esfera, sem entrar em detalhes. Por outro lado, na obra de Avelar, há também uma divisão que não aparece na obra de Sacrobosco: Avelar dedica a primeira parte a descrever a composição da "esfera material", mais conhecida atualmente pelo nome de "esfera armilar", que é um modelo material (mecânico) utilizado para descrever a esfera do universo; e na segunda parte descreve a "esfera do mundo, ou natural". Ou seja: Avelar parece preocupar-se em enfatizar a diferença entre o modelo mecânico e a realidade astronômica, e descrever separadamente ambas as esferas – o que é enfatizado também no título da obra.

Pode ter havido um motivo pessoal para que Avelar adotasse essa estrutura, que não é típica da época. Se examinarmos o seu *Reportorio dos Tempos*, escrito quase 10 anos antes, notaremos um ponto interessante. Embora Avelar se baseasse quase totalmente na *Chronographia, o Reportorio de los Tiempos* de Jerónimo de Chaves, a parte final do *Reportorio* de Avelar (*Tratado VI*) não tem equivalente no texto de Chaves (cf. Costa, 2001, cap. 4); e nessa parte, intitulada "De algumas regras curiosas de astronomia, pertencentes à arte de marear", Avelar introduziu as definições de centro do mundo, eixo do mundo, pólos do mundo, coluros, círculos dos solstícios (ou seja, trópicos) e círculos ártico e antártico (Avelar. 1585, fols. 134r-134v). Talvez, durante a elaboração do seu *Reportorio dos Tempos*, Avelar tenha percebido a falta que isso fazia na obra de Chaves e resolvido apresentar uma descrição sucinta dos principais elementos da esfera do mundo; depois, talvez lembrando-se disso, escolheu iniciar sua *Sphæra* por um sumários desses elementos.

## 5. AS FONTES DE AVELAR

Certamente Avelar não se baseou apenas do *Tractatus de Sphæra* para escrever sua própria *Sphæra*. É difícil, no entanto, descobrir suas fontes. Por um lado, nota-se (desde o tempo em que escreveu o *Reportorio dos Tempos*) que Avelar é um pouco avesso à citação de fontes, tendo omitido a maior parte das inúmeras referências que constavam na *Chronographia o Reportorio de los Tiempos* de Chaves (ver Costa, 2002, cap. 4). O mesmo ocorre na sua *Sphæra*. Essencialmente, Avelar repete as sumárias indicações que o próprio Sacrobosco apresentou (referências vagas aos nomes de Aristóteles, Ptolomeu, Alfragano, etc., sem nenhuma indicação das obras utilizadas) e acrescenta umas poucas outras. Note-se que, nessa época – segunda metade do século XVI – já era usual, no meio acadêmico, a introdução de referências específicas a autor, obra, livro ou parte e capítulo. Algumas vezes essas referências eram colocadas dentro do próprio texto, mas já se havia tornado comum introduzi-las em notas marginais – as precursoras de nossas notas de rodapé. Para efeito de comparação, basta verificar os comentários dos Conimbricenses às obras de Aristóteles, onde citações de fontes nessa forma eram abundantes.

Há, apesar disso, alguns pontos que diferenciam a *Sphæra* de Avelar da de Sacrobosco, sob o ponto de vista de suas fontes. Por um lado, ele se refere ao rei Dom Alfonso, o Sábio, em vários pontos do livro (ver, por exemplo, Avelar, 1593, fols. 26v, 96v). Embora Alfonso X tivesse vivido antes de Sacrobosco, não foi citado em nenhum ponto por aquele. No entanto, por sua grande importância como reformador da astronomia medieval, a maior parte dos comentadores de Sacrobosco, ainda durante a Idade Média, acrescentou referências às contribuições de Alfonso. Era natural que Avelar também o citasse.

Outro autor não empregado por Sacrobosco mas utilizado por Avelar foi Marcus Manilius, que é citado em quatro pontos distintos (Avelar, 1593, fols. 10v, 21r, 30r, 34r). Neste caso, Avelar está se afastando da tradição, pois os comentadores de Sacrobosco não citavam Manilius. Como a *Astronomica* de Manilius é uma obra de caráter predominantemente astrológico, o uso dessa obra por Avelar é mais um indicativo sobre seu grande interesse a respeito dessa disciplina.

Ao comentar sobre o eixo da esfera (parte II, capítulo 1, fol. 10v), por exemplo, Avelar faz uma citação de quatro linhas da obra *Astronomica* de Marcus Manilius:

> Deste ponto um eixo muito fino atravessa o ar gelado e controla as rotações do mundo, mantendo-o encaixado em pólos opostos. Ele forma o meio em torno do qual o orbe etéreo gira e roda, ele próprio imóvel. (Manilius, 1997 – *Astronomica*, livro I, 279-282)[7]

Mais adiante (parte II, capítulo 6, fol. 21r), Avelar faz outra citação de Manilius, ao descrever que a Terra está no centro do universo:

> Mas a natureza da suspensão da Terra não deve lhe causar surpresa. Pois o próprio mundo está suspenso assim e não repousa sobre nenhuma base, como é claro pelo seu próprio movimento voando no seu caminho, [...] (Manilius, 1997 – *Astronomica*, livro I, 194-197)[8]

Avelar cita Ovídio (Metamorfoses) ao falar sobre a Via Láctea (que, aliás, não é descrita por Sacrobosco; Avelar, 1593,

---

[7] Aera per gelidum tenuis deducitur axis / libratumque regit diverso cardine mundum, / sidereus circa medium quem volvitur orbis / aetheriosque rotat cursus; immotus at ille.

[8] Nec vero admiranda tibi natura videri / pendentis terrae debet. cum pendeat ipse / mundus et in nullo ponat vestigia fundo, / quod patet ex ipso motu cursuque volantis,

Livro II, capítulo 11, fol. 30r). Avelar também cita Manilius (fol. 30r) ao falar sobre a Via Láctea:

> Ele corta os três círculos médios e o círculo que carrega os signos em dois pontos, e é igualmente cortado por eles. Não é preciso procurar para encontrá-lo; ele próprio atinge os olhos, ele fala sobre si mesmo sem lhe perguntarem, e exige a atenção. Ele brilha como um caminho brilhante no azul escuro dos céus [...] (Manilius, 1997 – *Astronomica*, livro I, 699-703)[9]

Há uma quarta citação de Manilius (fol. 34r) quando Avelar descreve a equinocial.

Como era de se esperar, Avelar faz também uso de informações provenientes das navegações do século XVI. Ele se refere, por exemplo, à constelação do Cruzeiro do Sul "observado pelos nossos nautas", apresentando uma figura da mesma e das "nuvens de Magalhães" – sem, no entanto, utilizar esse nome (Avelar, 1593, fols. 11v-12v). Em outro ponto, comenta sobre os visíveis sinais da redondeza da Terra e as medidas atualizadas do comprimento correspondente a um grau (17 léguas e meia), conforme determinado pelos navegantes da Espanha[10] (*ibid.*, fols. 16r-17v). Refere-se também aos autores mais recentes (que não nomeia) que haviam expandido a divisão Ptolomaica da Terra, de 7 climas, para 23 climas – um efeito, também das navegações (*ibid.*, fol. 88v).

O *Tractatus de Sphæra* medieval continha um grande número de citações literárias de Virgílio, Ovídio e Lucano, que foram analisadas em outro trabalho (Martins, 2003). Comparando a versão de Avelar com o original de Sacrobosco,

---

[9] Trisque secat medios gyros et signa ferentem / partibus e binis, quotiens praeciditur ipse. / nec quaerendus erit: visus incurrit in ipsos / sponte sua seque ipse docet cogitque notari. / namque in caeruleo candens nitet orbita mundo

[10] Na época em que Avelar escreveu sua obra, Portugal havia sido incorporado à Espanha, sob o reinado de Filipe I.

percebe-se que quase todas foram mantidas, com poucas exceções: Avelar eliminou 4 das 21 citações literárias – três das *Geórgicas* de Virgílio, e uma da *Farsália* de Lucano. Isso não mostra um desinteresse do nosso autor pelas citações literárias. De fato, há outras evidências que indicam que ele valorizava bastante tais citações. Por um lado, em vários pontos ele apresenta um maior número de versos do que o texto de Sacrobosco; ao citar um trecho das *Metamorfoses* de Ovídio, por exemplo, ele reproduz 7 versos latinos (Avelar, 1593, fol. 54r), enquanto na maior parte das edições de Sacrobosco encontramos apenas 4 versos. Mais significativo, ainda, é que Avelar incluiu na sua obra três citações de Ovídio e uma de Lucano que não existem na obra de Sacrobosco (*ibid.*, fols. 30r, 36v, 56v, 78v). Essas e outras adições de Avelar estão apresentadas detalhadamente no Apêndice 2, ao final do presente trabalho.

Por fim, devemos assinalar que Avelar introduz mais cinco citações em versos, que não possuem correspondente no texto de Sacrobosco. Apenas uma delas é identificada pelo próprio Avelar – uma citação de *In sphæram Archimedis*, de Claudius Claudianus (Avelar, 1593, fol. 35v).

O que essas adições nos dizem sobre as fontes utilizadas por Avelar? À primeira vista, pareceriam indicar que o autor tem uma grande familiaridade com a poesia latina, o que lhe permite acrescentar várias citações às que o próprio Sacrobosco havia incorporado ao *Tractatus de Sphæra*. No entanto, há uma explicação mais simples. Avelar parece ter se baseado em edições comentadas do *Tractatus de Sphæra*, nas quais encontrou essas adições. De fato, confrontando o texto de Avelar com a edição do *Tractatus de Sphæra* publicada por Élie Vinet com o título de *Sphæra Joannis de Sacro Bosco emendata*[11], descobrimos que lá podem ser localizadas várias

[11] Esta obra foi impressa pela primeira vez em 1551 e reimpressa em 1556, 1557, 1561, 1567, 1581, 1591, 1594 e 1608. Utilizamos a edição de 1561, para a análise apresentada abaixo.

das adições apresentadas por Avelar. Por exemplo: as 7 linhas da citação das *Metamorfoses* de Ovídio, acima referidas, estão também presentes na edição de Vinet (Vinet, 1561, fol. 87r). Lá também encontramos uma das citações de Ovídio que não aparecem no original de Sacrobosco (Avelar, 1593, fol. 56v; Vinet, 1561, fol. 72v) e a citação adicional de Lucano (Avelar, 1593, fol. 78v; Vinet, 1561, fol. 33r). Duas das quatro citações de autor não identificado por Avelar aparecem também na edição de Vinet (Avelar, 1593, fols. 26r e 57r; Vinet, 1561, fols. 20r e 61v).

Dessa forma, vê-se que Avelar não precisava ter uma grande erudição para fazer os acréscimos que fez. É verdade que nem todas as adições literárias da *Sphœræ utriusque tabella* foram tiradas da *Sphœra Joannis de Sacro Bosco emendata*, mas grande parte delas o foram, e as demais podem ter sido extraídas de um outro comentário à *Esfera* de Sacrobosco que não conseguimos ainda identificar.

Há um outro ponto interessante a ser assinalado. A edição de Vinet apresenta um prefácio escrito por Phillip Melanchthon, onde este defende a astrologia contra os muitos ataques que sofria na época. Ora, como Avelar se dedicava à astrologia, ele deve ter se interessado pela posição desse pensador e pode ter sido levado, por isso, a ler outras de suas obras – embora Melanchthon, como expoente da Reforma protestante, fosse um autor proibido pelo *Index Librorum Prohibitorum*. Pois bem, há uma evidência concreta de que Avelar leu realmente outros trabalhos daquele autor, pois uma de suas citações sem atribuição de autor foi tirada de um poema de Melanchthon sobre o nascimento e o ocaso dos astros (Avelar, 1593, fol. 26r; Melanchthon, 1579, livro 5, fol. Q5v). É curioso que Avelar tivesse corrido o risco de fazer uma citação de Melanchthon (mesmo anônima), considerando-se a situação da época.

A presença de muitas citações literárias na obra de Avelar fornece provavelmente mais indicações sobre o ambiente da Universidade de Coimbra do que sobre o próprio autor, pois parece indicar que atuavam sobre ele as mesmas expectativas que geraram o texto de Sacrobosco – em particular, a necessidade de esclarecimentos astronômicos que permitissem compreender as referências a fenômenos celestes tão comuns nos textos literários clássicos (Martins, 2003).

## 6. AS TABELAS

A obra de Avelar é permeada por um certo número de tabelas, de dois tipos. Algumas são tabelas com informações quantitativas; outras são esquemas resumidos da teoria apresentada, ou seja, tabelas qualitativas. Este segundo tipo de tabela é interessante por indicar uma preocupação didática do autor, em mostrar de forma clara as ideias apresentadas (Avelar, 1593, fols. 9v, 54v). Não encontramos ainda correspondentes em outras obras da época e podem ser uma contribuição original de Avelar.

As tabelas quantitativas são interessantes em outro sentido. Por um lado, mostram o interesse de Avelar em complementar o texto de Sacrobosco – puramente qualitativo – com informações que pudessem ser utilizadas para cálculos e para determinadas finalidades práticas.

A primeira tabela quantitativa introduzida por Avelar é de caráter elementar: uma tábua de conversão entre arcos da equinocial, em graus, minutos e segundos de arco, para intervalos de tempo, em horas, minutos e segundos de tempo, e vice-versa (Avelar, 1593, folha sem número, entre fols. 34 e 35). Ora, sabendo-se que uma rotação completa da equinocial (360°) corresponde ao tempo de 24 horas, basta fazer uma regra de três para obter o ângulo correspondente a qualquer intervalo de tempo, ou o tempo correspondente a qualquer ângulo. A tabela é desnecessária para qualquer pessoa com um conhecimento aritmético elementar.

A segunda tabela indica os dias de cada mês em que o Sol entra nos 12 signos (Avelar, 1593, fol. 39r). Trata-se de uma informação também elementar, que poderia ser encontrada, na época, em qualquer calendário ou almanaque. O próprio Avelar havia anteriormente incorporado no *Reportorio dos Tempos* uma tabela dessas (Avelar, 1585, fol. 87v)[12]. Apesar de se tratar de uma informação simples e comum, deve-se notar que, nos calendários e almanaques, tal informação raramente se encontrava isolada, explícita – era necessário procurar, em cada mês, o dia assinalado para a entrada do Sol nos vários signos. É relevante assinalar que a *Chronologia o Reportorio de los Tiempos* de Jerónimo de Chaves, que serviu de base para o *Reportorio dos Tempos* de Avelar, não continha uma tabela desse tipo. Novamente, nota-se uma preocupação didática em Avelar, com a introdução dessa tabela.

A tabela seguinte indica a declinação do Sol, ao longo do ano, em função de sua posição na eclíptica (Avelar, 1593, fols. 42v-43r). A declinação do Sol em cada dia do ano era uma grandeza importante, necessária para cálculos de latitude realizadas pelos pilotos utilizando medidas da altura do Sol ao meio-dia. Era também necessária para calcular-se a duração dos dias e das noites, em cada época do ano. Para calcular-se a declinação, utilizava-se um parâmetro fundamental: a obliquidade da eclíptica. A tabela apresentada por Avelar foi calculada utilizando-se um valor não muito usual, de 23° 28' para essa obliquidade.

O valor desse parâmetro variou ao longo dos séculos, sempre entre 23° e 24°. Ptolomeu avaliava a obliquidade da eclíptica como sendo igual a 23° 51'. Os astrônomos árabes medievais, no entanto, haviam obtido valores mais próximos a 23° 30' Os astrônomos da época de Thabit ibn Qurra (século IX) encontraram uma obliquidade de 23° 33' (Pedersen, 1993, p. 162; Dreyer, 1953, p. 278), e esse foi o valor adotado por Sacrobosco em sua obra. Esse valor foi mantido por vários autores do século XVI. As tabelas publicadas por Martín

---

12 Curiosamente, há duas diferenças entre as tabelas que Avelar publicou nas duas obras. No *Reportorio dos Tempos*, as entradas do Sol em Aquário e Gêmeos são indicadas, respectivamente, como sendo 20 de janeiro e 22 de maio; na *Sphæra*, as datas correspondentes são 21 de janeiro e 21 de maio.

Fernandez de Enciso, por exemplo, se baseiam no valor de 23° 33' para esse parâmetro (Enciso, 1519, fols. 9v-21r).

No entanto, durante o século XVI, apareciam valores diferentes em várias obras. Pedro Nunes, por exemplo, comentou que o valor da obliquidade "em nosso tempo é de 23 graus e meio..." (Nunes, 1940, vol. 1, pp. 23-4). Jerónimo de Chaves, na sua tradução do tratado de Sacrobosco, adotou o valor de 23° 30', e apresenta tabelas baseadas nesse valor (Chaves, 1545, fols. 45v-46r).

Por que Avelar teria utilizado o valor de 23° 28', pouco usual na época? O próprio Avelar, no seu *Reportorio dos Tempos*, havia adotado outro valor para esse parâmetro. De fato, as tabelas que ele lá publicou indicando a declinação do Sol mostram uma declinação máxima, nos solstícios, que corresponde exatamente a 23° 33' (Avelar, 1585, fols. 49v, 52v). Por que motivo ele não copiou simplesmente os dados do *Reportorio* em sua *Sphæra*?

Um dos poucos autores do século XVI que utilizou o mesmo valor da obliquidade da eclíptica adotado por Avelar foi Francisco Faleiro, português execrado por seus conterrâneos por ter servido à Espanha (Faleiro, 1535, fol. 11r-12r). Porém, curiosamente, o próprio Faleiro apresenta depois, na mesma obra, uma tabela baseada no valor de 23° 33' para esse parâmetro (Faleiro, 1535, fol. 46r-52r).

A tabela que Avelar inseriu na sua *Sphæra* indica a declinação do Sol em função de sua posição na eclíptica, ou seja, sabendo-se o signo em que ele se encontra, e o grau em que está nesse signo, acha-se sua declinação. Essa não é a forma mais útil da tabela. Nas obras náuticas – como, também, no *Reportorio dos Tempos* do próprio Avelar – era fornecida a declinação do Sol em função do dia do ano. Nesse caso, no entanto, há um complicador: é necessário fornecer quatro conjuntos de tabelas, para quatro anos diferentes, pois ocorrem diferenças entre os anos bissextos e os outros. Talvez Avelar tenha optado por apresentar a declinação em função da posição do Sol na eclíptica por simplicidade.

## 7. ALGUNS ASPECTOS DO TEXTO DE AVELAR

Desde o início da obra de Avelar nota-se que ele utiliza sem constrangimentos o texto de Sacrobosco mas, ao mesmo tempo, manifesta uma certa independência de redação. No início do primeiro capítulo, por exemplo, Sacrobosco começa definindo esfera (em geral), citando as definições de Euclides e Teodósio. Avelar, por outro lado, em vez de definir uma esfera genérica, começa se referindo à "esfera material" (que conhecemos como esfera armilar), o instrumento utilizado para explicar o modelo do universo. Logo depois, no entanto, Avelar aplica a essa esfera material a definição de Teodósio, e introduz os conceitos de eixo e pólos exatamente como Sacrobosco.

| **Avelar** | **Sacrobosco** |
| --- | --- |
| Sphæra materialis est instrumentum quoddam rotundum, compositum ex variis circulis, quibus coelorum motus, totiusque mundis situs, commodissime explicantur, in cuius medio punctum est, a quo omnes lineæ rectæ ad circunferentias circulorum ductæ sunt æquales: & illud punctum dicitur centrum sphæræ, linea vero recta transiens per centrum, applicans extremitates suas ex utraque parte ad circunferentiam circa quam sphæra voluitur dicitur axis sphæræ: duo vero puncta axem terminantia, dicuntur poli mundi. (Avelar, 1593, fol. 1r-1v) | Sphæra etiam a Theodosio sic describitur: sphæra est solidum quoddam una superficie contentum, in cuius medio punctus est, a quo omnes lineæ ductæ ad circumferentiam sunt æquales: & ille punctus dicitur centrum sphæræ. Linea vero recta, transiens per centrum sphæræ, applicans extremitates suas ad circumferentiam ex utraque parte, circa quam sphæra voluitur, dicitur axis sphæræ. Duo vero puncta axem terminantia dicuntur poli sphæræ. (Vinet, 1561, fol. 9v) |

Os trechos sublinhados mostram que Avelar praticamente copiou o texto de Sacrobosco, sem alterações significativas. As diferenças de ordem de palavras, pontuação e mesmo a troca de algumas palavras (por exemplo, no final da citação Avelar se refere aos pólos do mundo, enquanto a citação de Sacrobosco menciona os pólos da esfera) podem ser considerados irrelevantes, pois aparecem discrepâncias semelhantes entre as diversas edições impressas do próprio texto de Sacrobosco.

Ao mesmo tempo que mostra uma certa independência na redação de sua *Esfera*, Avelar não segue rigorosamente a própria estrutura e sequência do texto de Sacrobosco. Já na primeira parte, após a definição de esfera, ele salta para a descrição dos círculos principais da esfera celeste, que Sacrobosco apresenta apenas na segunda parte.

| Avelar | Sacrobosco |
| --- | --- |
| De circulis sphæra materialis. Cap. II.<br><br>Sphæra autem materialis componitur ex decem circulis, quarum hæc sunt nomina scilicet æquinoctialis, zodiacus, colurus solstitiorum, colurus æquinoctiorum, meridianus, horizon, tropicus Cancri, tropicus Capricorni, circulus Arcticus, circulus Antarcticus. Horum vero circulorum, quidam sunt maiores, quidam minores: priores sex maiores dicuntur, seu maximi: posteriores quatuor minores appellantur, sive non maximi. Maior circulus in sphæra is dicitur, | Capitulum secundum. De circulis, ex quibus sphæra materialis componitur: & illa supercoelestis, quæ per istam imaginatur, compni intelligitur.<br><br>Horum autem circulorum quidam sunt maiores, quidam minores, ut sensui patet. Maior autem circulus in sphæra dicitur, qui descriptus in superficie sphæræ super eius centrum, dividit sphæram in duo æqualia. Minor vero, qui |

| qui idem centrum cum sphæra obtinet: ipsamquæ, in duo hemisphæria dividit: minor vero circulus est ille, qui diversum centrum a sphæra centro possidet, ipsa sed in duo segmenta inæqualia partitur. (Avelar, 1593, fol. 2r-2v) | descriptus in superficie sphæræ, eam non dividit in duo æqualia sed in portiones inæquales. (Vinet, 1561, fol. 20v) |
|---|---|

Não se pode negar uma certa vantagem do texto de Avelar sobre o de Sacrobosco, aqui. De fato, Avelar começa apresentando os nomes de todos os círculos principais, de forma bastante didática; Sacrobosco só introduz gradualmente seus nomes. Avelar apresenta a sinonímia (círculos maiores ou máximos) e descreve de forma mais clara as duas diferenças entre os círculos máximos e os menores, ou seja: o centro dos círculos máximos é o centro da esfera (e dos círculos menores, não); e os círculos máximos dividem a esfera em duas partes iguais (e os círculos menores, não). A relação entre o centro dos círculos e o centro da esfera não é tão clara no texto de Sacrobosco. Em outras partes do texto nota-se uma atitude semelhante de Avelar: ele procura ser claro e explícito, tentando aperfeiçoar o texto de Sacrobosco.

## 8. CONSIDERAÇÕES FINAIS

É relevante confrontar o trabalho de Avelar com o de alguns outros comentaristas da *Esfera*, do mesmo século. A tradução do *Tratado da Esfera* por Pedro Nunes, por exemplo, publicada mais de meio século antes, adicionava muitos comentários e atualizações ao texto de Sacrobosco. No entanto, sob o ponto de vista de informações quantitativas, a obra de Avelar é mais rica do que a de Pedro Nunes, e mais adequada do que aquela para o uso dos navegantes – o contrário do que esperaríamos, no caso.

Comparada com algumas outras obras anteriores, publicadas em outros países, o trabalho de Avelar também se sobressai.

Antonio Brucioli, por exemplo, havia publicado uma versão italiana comentada do *Tratado da Esfera* de Sacrobosco (Brucioli, 1543). Examinando-se essa obra, nota-se que os comentários e adições se reduzem ao esclarecimento do significado de certos termos geométricos e astronômicos, e terminam na folha 10 (menos da metade da obra). O trabalho de Brucioli pode ser considerado muito inferior ao de Nunes, como também ao de Avelar. Outro exemplo é a tradução espanhola do *Tratado da Esfera* publicado por Rodrigo Saenz de Santayana y Spinosa (1568). Essa obra, que acrescenta muitos comentários ao texto de Sacrobosco, contém um enorme número de equívocos graves (para a astronomia da época), como por exemplo a afirmação de que as fases da Lua são causadas pela interposição da Terra – confundindo, portanto, as fases com eclipses.

Assim sendo, o trabalho de Avelar pode ser considerado como superior a vários outros existentes na época. Outros trabalhos, no entanto, lhe são superiores. Para dar um exemplo da península ibérica, podemos mencionar a tradução espanhola do *Tratado da Esfera* por Jerônimo de Chaves (1545). Pode-se dizer que o trabalho de Chaves, além de também atualizar Sacrobosco e fornecer muitas tabelas e dados quantitativos como Avelar, enriquece o texto com grande número de esclarecimentos, comentários e citações eruditas.

Nota-se, de um modo geral, que Avelar procurou atualizar e complementar o texto de Sacrobosco em diversos pontos, como mostram os exemplos acima indicados. Suas adições são bastante adequadas, considerando-se o conhecimento da época, resultando em um manual superior ao texto de Sacrobosco. Muitos dos aspectos novos que ele introduz, como as tabelas e informações quantitativas, possuíam especial relevância para os navegantes; no entanto, na Universidade de Coimbra, Avelar ministrava aulas sobre astronomia para médicos, e esperaríamos encontrar uma menor ênfase nesses aspectos, e mais detalhes a respeito da astrologia médica, tão importante na época. É possível que Avelar não tenha adicionado esses aspectos a seu trabalho porque já havia tratado sobre isso, de modo bastante detalhado, no seu *Reportorio dos Tempos*.

## AGRADECIMENTOS

O autor agradece à FAPESP (Fundação de Amparo à Pesquisa do Estado de São Paulo) e ao CNPq (Conselho Nacional de Desenvolvimento Científico e Tecnológico) o apoio recebido, que permitiu a realização da presente pesquisa.

## REFERÊNCIAS BIBLIOGRÁFICAS

ALBUQUERQUE, Luís M. de (ed.). *Os guias náuticos de Munique e de Évora*. Lisboa: Junta de Investigações do Ultramar, 1965.

ALBUQUERQUE, Luís M. de. *As navegações e a sua projeção na ciência e na cultura*. Lisboa: Gradiva, 1987.

ALMEIDA, Manoel Lopes de. Apontamentos para a biografia de André de Avellar: professor de Matemática na Universidade. *Revista da Faculdade de Ciências da Universidade de Coimbra*, **29**: 31-72, 1967.

AVELAR, André do. *Reportorio dos Tempos, o mais Copioso que ate Agora Sahio a Luz, Conforme à Nova Reformação do Sancto Padre Greg. XIII. Anno 1582*. Lisboa: Manoel de Lyra, 1585.

AVELAR, André do. *Sphœrœ utriusque tabella ad sphœrœ huius mundi faciliorem enucleationem.* Autore Andrea d'Avellar Olysiponensi, Artium, ac Philosophiæ magistro, & publico in Conimbricensi Academia Mathematum professore. Conimbricae: Antonius Barrerius, 1593.

AVELAR, André do. *Spherœ vtrivsque tabella, ad sphœrœ huius mundi faciliorem enucleationem*. Autore Andrea d'Avellar. Olyssiponensi, Artium, ac Philosophiae magistro, & publico in Conimbricensi Academia Mathemathum professore. Conimbricae: Antonio de Barreira, 1593.

BENSAUDE, Joaquim. *L'astronomie nautique au Portugal a l'époque de grandes découvertes*. Bern: Akademische Buchhandlung Von Max Drechsel, 1912.

BRUCIOLI, Antonio. *Trattato della sphera*, nel quale si dimostrano, & insegnano i principii della astrologia raccolto da Giouanni di Sacrobusto, & altri Astronomi, & tradotto in lingua Italiana. Per Antonio Brvcioli. Et Con Nuoue Annotationi in piu luoghi dichiarato. Venetia: impresso per Francesco Brucioli, & i Frategli, 1543.

CARDOSO, Walmir Thomazi. *Conceitos e fontes do Tratado da Esfera em forma de diálogo atribuído a João de Castro*. São Paulo: Educ / FAPESP, 2004.

CASTRO, João de. *Tratado da Sphaera, da Geografia, Notação Famosa, Informação sobre Maluco*. Prefácio e notas de A. Fontoura da Costa. Lisboa: Agência Geral das Colônias, 1940.

CHAVES, Jerónimo de. *Tractado de la sphera que compuso el doctor Ioannes de Sacrobusto con muchas additiones*. Seuilla: Iuan de Leon, 1545.

COSTA, Adalgisa Botelho da. *O "Reportorio dos Tempos" de André do Avelar e a astrologia em Portugal no século XVI*. São Paulo, 2001. Dissertação (Mestrado em História da Ciência) – Programa de Estudos Pós-Graduados em História da Ciência, Pontifícia Universidade Católica de São Paulo.[13]

DREYER, J. L. E. *A history of astronomy from Thales to Kepler*. 2ª. ed. New York: Dover, 1953.

ENCISO, Martín Fernández de. *Suma de geographía que trata de todas las partidas y provincias del mundo, en especial de las Indias*. Sevilla: Jacobo Cromberger, 1519.

---

[13] Essa dissertação foi publicada, posteriormente, sob forma de livro: COSTA, Adalgisa Botelho da. *O "Reportório dos Tempos" de André do Avelar. A astrologia em Portugal no século XVI*. Rio de Janeiro: Booklink; São Paulo, FAPESP; Campinas, GHTC, 2007.

FALEIRO, Francisco. *Tratado del sphera y del arte del marear.* Sevilha: Juan Croberger, 1535.

MACEDO, Jorge Borges de. Livros impressos em Portugal no século XVI – interesses e formas de mentalidade. *Arquivos do Centro Cultural Português de Paris* **9**: 183-221, 1975.

MACHADO, Diogo Barbosa. *Bibliotheca Lusitana Histórica, Crítica e Cronológica.* Coimbra: Atlântida, 1965-1967. 4 vols.

MANILIUS, Marcus. *Astronomica.* Trad. George Patrick Goold. Cambridge, MA: Harvard University Press, 1997.

MARTINS, Roberto de Andrade. Las fuentes literarias del Tratado de la Esfera de Sacrobosco. Vol. 9, pp. 307-314, in: RODRÍGUEZ, Victor & SALVATICO, Luis (eds.). *Epistemología e Historia de la Ciencia. Selección de Trabajos de las XIII Jornadas.* Córdoba: Universidad Nacional de Córdoba, 2003.

MARTINS, Roberto de Andrade. André do Avelar and the teaching of Sacrobosco's *Sphæra* at the University of Coimbra. Pp. 313-358, *in*: VALLERIANI, Matteo (ed.). *De sphaera of Johannes de Sacrobosco in the Early Modern Period: The Authors of the Commentaries.* Dordrecht: Springer Nature, 2020.

MELANCHTHON, Philipp Petrus Vincentius. *Epigrammatum libri sex.* Editado por Petrus Vincentius. Wittenberg: Haeredes Iohannis Cratonis, 1579.

NUNES, Pedro. *Obras*, vol. 1. Lisboa: Academia de Ciências de Lisboa, 1940.

NUNES, Pedro. *Tratado da sphera com a Theorica do sol & da lua. E ho primeiro liuro da Geographia de Claudio Ptolomeo Alexa[n]drino.* Tirados nouamente de latim em lingoagem pello doutor Pero Nunez cosmographo del Rey Dõ João ho terceyro deste nome nosso Senhor. E acrescentados de muitas annotacoes & figuras per que mays facilmente se podem entender. Item dous tratados q o mesmo doutor fez sobre a carta de marear. Em os quaes se decrarao todas as principaes duuidas da nauegacao. Co as todas do mouimento do sol: & sua declinacao. E o regimeto da altura assi ao meyo dia: como nos outros tempos. Lixboa: G. Galharde, 1537.[14]

OLIVEIRA, J. Tiago de. As Matemáticas em Portugal – da Restauração ao Liberalismo. Vol. 1, pp. 81-110, *in*: *História e Desenvolvimento da Ciência em Portugal. I Colóquio – até ao Século XX*. Lisboa: Academia das Ciências de Lisboa, 1986.

OSÓRIO, J. Pereira. Sobre a história e desenvolvimento da Astronomia em Portugal. Vol. 1, pp. 111-142, *in*: *História e Desenvolvimento da Ciência em Portugal. I Colóquio - até ao Século XX*. Lisboa: Academia das Ciências de Lisboa, 1986.

PEDERSEN, Olaf. *Early physics and astronomy: a historical introduction*. Cambridge: Cambridge University, 1993.

SANTAYANA Y SPINOSA, Rodrigo Saenz de. *La sphera de Iuã de Sacro Bosco nueua y fielmente traduzida de latin en romance.* Valladolid: Adrian Ghemart, a costa de Pedro de Corcuera, 1567.

SILVA, Armando Carneiro da. Almanaques e folhinhas Conimbricenses. *Arquivo de Bibliografia Portuguesa* **1**: 13-23; 136-145; 239-252, 1955.

SILVA, Innocencio Francisco e Aranha, Pedro Venceslau de Brito. *Diccionario Bibliographico Portuguez.* Lisboa: Imprensa Nacional, 1858-1923.

TEIXEIRA, Francisco Gomes. *História das Matemáticas em Portugal.* Lisboa: Academia das Ciências, 1934.

THORNDIKE, Lynn. *The Sphere of Sacrobosco and its commentators.* Chicago: University of Chicago Press, 1949.

---

[14] Esta tradução foi reeditada nas *Obras* de Pedro Nunes (1940) e, depois, publicada por Carlos Ziller Camenietzk, com ortografia atualizada: SACROBOSCO, Johannes de. *Tratado da esfera.* Atual. e notas Carlos Ziller Camenietzk. São Paulo: Unesp/Nova Stella/MAST, 1991.

VINET, Élie (ed.). *Sphaera Joannis de Sacro Bosco emendata.* Eliae Vineti Santonis scholia in eandem sphaeram, ab ipso authore restituta. Adjunximus huic libro Compendium in sphaeram per Pierium Valerianum Bellunensem. & Petri Nonii Salaciensis demonstrationem eorum, quae in extremo capite de climatibus Sacroboscius scribit de inaequali climatum latitudine eodem Vineto interprete. Lutetiae: apud Gulielmum Cavellat, 1561.

# Apêndice 1

Tabela comparativa dos capítulos da obra de Avelar e dos parágrafos do livro de Sacrobosco

| | | AVELAR, *Sphæræ utriusque tabella* | | | | | | | | | | | | | | | | | | | | | | | | | | | | | |
|---|---|---|---|---|---|---|---|---|---|---|---|---|---|---|---|---|---|---|---|---|---|---|---|---|---|---|---|---|---|---|---|
| | | Parte I | | | | | | | | | | | | Parte II | | | | | | | | | | | | | | | | | |
| | | 1 | 2 | 3 | 4 | 5 | 6 | 7 | 8 | 9 | 10 | 11 | 12 | 1 | 2 | 3 | 4 | 5 | 6 | 7 | 8 | 9 | 10 | 11 | 12 | 13 | 14 | 15 | 16 | 17 | 18 |
| SACROBOSCO, *Tractatus de Sphaera*, Parte I | 1 | X | | | | | | | | | | | | | | | | | | | | | | | | | | | | | |
| | 2 | X | | | | | | | | | | | | X | | | | | | | | | | | | | | | | | |
| | 3 | | | | | | | | | | | | | | | X | | | | | | | | | | | | | | | |
| | 4 | | | | | | | | | | | | | | X | | | | | | | | | | | | | | | | |
| | 5 | | | | | | | | | | | | | | | | X | | | | | | | | | | | | | | |
| | 6 | | | | | | | | | | | | | | | | | | | | | | X | | | | | | | | |
| | 7 | | | | | | | | | | | | | | | | | | | | | | | | | | | | | | |
| | 8 | | | | | | | | | | | | | | | | | | | | | | | X | | | | | | | |
| | 9 | | | | | | | | | | | | | | | | | | | | | | | | X | | | | | | |
| | 10 | | | | | | | | | | | | | | | | | | | | | | | | X | | | | | | |
| | 11 | | | | | | | | | | | | | | | | | X | | | | | | | | | | | | | |
| | 12 | | | | | | | | | | | | | | | | | | | | | | | | | | | | | | |
| | 13 | | | | | | | | | | | | | | | | | | | | | | | | | | | | | | |
| | 14 | | | | | | | | | | | | | | | | | | | | | | | | | | | | | | |
| | 15 | | | | | | | | | | | | | | | | | | X | | | | | | | | | | | | |
| | 16 | | | | | | | | | | | | | | | | | | | X | | | | | | | | | | | |
| | 17 | | | | | | | | | | | | | | | | | | | | X | | | | | | | | | | |
| | 18 | | | | | | | | | | | | | | | | | | | | | X | | | | | | | | | |
| | 19 | | | | | | | | | | | | | | | | | | | | | | | | | | | | | | |

| | AVELAR, *Sphæræ utriusque tabella* | | | | | | | | | | | | | | | | | | | | | | | | | | | | | |
|---|---|---|---|---|---|---|---|---|---|---|---|---|---|---|---|---|---|---|---|---|---|---|---|---|---|---|---|---|---|---|
| | Parte I | | | | | | | | | | | | Parte II | | | | | | | | | | | | | | | | | |
| SACROBOSCO, *Tractatus de Sphaera*, Parte II | 1 | 2 | 3 | 4 | 5 | 6 | 7 | 8 | 9 | 10 | 11 | 12 | 1 | 2 | 3 | 4 | 5 | 6 | 7 | 8 | 9 | 10 | 11 | 12 | 13 | 14 | 15 | 16 | 17 | 18 |
| 1 | | X | | | | | | | | | | | | | | | | | | | | | | | X | | | | | |
| 2 | | | X | | | | | | | | | | | | | | | | | | | | | | X | | | | | |
| 3 | | | | | | | | | | | | | | | | | | | | | | | | | | | | | | |
| 4 | | | | | | | | | | | | | | | | | | | | | | | | | | | | | | |
| 5 | | | | | | | | | | | | | | | | | | | | | | | | | | | | | | |
| 6 | | | | X | | | | | | | | | | | | | | | | | | | | | | X | | | | |
| 7 | | | | | | | | | | | | | | | | | | | | | | | | | | | | | | |
| 8 | | | | | | | | | | | | | | | | | | | | | | | | | | | | | | |
| 9 | | | | | | | | | | | | | | | | | | | | | | | | | | | | | | |
| 10 | | | | | | | | | | | | | | | | | | | | | | | | | | | | | | |
| 11 | | | | | X | | | | | | | | | | | | | | | | | | | | | | X | | | |
| 12 | | | | | X | | | | | | | | | | | | | | | | | | | | | | X | | | |
| 13 | | | | | | X | | | | | | | | | | | | | | | | | | | | | X | | | |
| 14 | | | | | | | X | | | | | | | | | | | | | | | | | | | | | X | | |
| 15 | | | | | | | | X | | | | | | | | | | | | | | | | | | | | X | | |
| 16 | | | | | | | | | | | | | | | | | | | | | | | | | | | | | | |
| 17 | | | | | | | | | X | X | | | | | | | | | | | | | | | | | | | | |
| 18 | | | | | | | | | | | X | X | | | | | | | | | | | | | | | | | X | |
| 19 | | | | | | | | | | | | | | | | | | | | | | | | | | | | | | |
| 20 | | | | | | | | | | | | | | | | | | | | | | | | | | | | | | X |
| 21 | | | | | | | | | | | | | | | | | | | | | | | | | | | | | | |

## APÊNDICE 2. CITAÇÕES DA OBRA DE AVELAR QUE NÃO POSSUEM EQUIVALENTE NO TEXTO DE SACROBOSCO

Nas citações abaixo, a parte em itálico é o trecho que aparece no Tratado da Esfera de Avelar; o restante do parágrafo, sem itálico, faz parte da obra original e permite notar o contexto da citação.

Avelar, 1593, fol. 30r: *Est via sublimis, caelo manifesta sereno; lactea nomen habet, candore notabilis ipso. hac iter est superis ad magni tecta Tonantis regalemque domum:* dextra laevaque deorum atria nobilium valvis celebrantur apertis. plebs habitat diversa locis: hac parte potentes caelicolae clarique suos posuere penates; hic locus est, quem, si verbis audacia detur, haud timeam magni dixisse Palatia caeli. (Ovidio, *Metamorfoses*, livro I, 168-171)

Avelar, 1593, fol. 36v: *omnia tunc florent, tunc est nova temporis aetas, et nova de gravido palmite gemma tumet, et modo formatis operitur frondibus arbor, rodit et in summum seminis herba solum,* et tepidum volucres concentibus aera mulcent, ludit et in pratis luxuriatque pecus. (Ovidio, *Fastos*, livro I, 151-154)

Avelar, 1593, fol. 56v: *Quem modo caelatum stellis Delphina uidebas, is fugiet uisus nocte sequente tuos,* seu fuit occultis felix in amoribus index, Lesbida cum domino seu tulit ille lyram, quod mare non nouit, quae nescit Ariona tellus? carmine currentes ille tenebat aquas. (Ovídio, *Fastos*, livro II, 79-80)

Avelar, 1593, fol. 78v: *At tibi, quaecumque es Libyco gens igne dirempta, in noton umbra cadit, quae nobis exit in arcton. Te segnis Cynosura subit, tu sicca profundo mergi Plaustra putas nullumque in uertice semper sidus habes inmune mari; procul axis uterque est, et fuga signorum medio rapit omnia caelo.* (Lucano, *Farsália*, livro IX, 538-543)

Avelar, 1593, fol. 35v: Iuppiter in parvo cum cerneret aethera vitro, risit et ad superos talia dicta dedit: Hucine mortalis progressa potentia curae? Iam meus in fragili luditur orbe labor? Iura poli rerumque fidem legesque dierum ecce Syracosius transtulit arte senex. Inclusus variis famulatur spiritus astris et vivum certis motibus urget opus. *Percurrit proprium mentitus Signifer annum, et simulata novo Cynthia mense redit.* Iamque suum uolvens audax industria mundum gaudet et humana sidera mente regit. Quid falso insontem tonitru Salmonea miror? Aemula naturae parva reperta manus. (Claudii Claudiani, *Carmina Minora* 51, “In sphaeram Archimedis”)

Avelar, 1593, fol. 59r: *Mane vehit supra terram tibi Cosmicus ortus Sidera, sed Phoebi lumine tecta latent. Mane dat Heliacus quaedam subvecta videre Astra, sed Achronicus nocte videnda trahit.* (Melanchthon, 1579, livro 5, fol. Q5b)

# O SURGIMENTO DA MECÂNICA QUÂNTICA – UMA OU DUAS TEORIAS?

Roberto de Andrade Martins

**Resumo:** Até o início da década de 1920, a teoria quântica não possuía um conjunto de princípios e métodos claros, que pudesse ser aplicado a todos os fenômenos. Em meados dessa década surgiram duas propostas distintas para uma mecânica quântica: a mecânica matricial, iniciada por Werner Heisenberg e desenvolvida também por Max Born e Pascual Jordan; e a mecânica ondulatória de Erwin Schrödinger. Este artigo apresenta os principais personagens dessa história, bem como os passos mais importantes do desenvolvimento da mecânica quântica, focalizando principalmente os anos de 1925 e 1926. Apresenta também a questão da equivalência entre as duas abordagens – matricial e ondulatória – que começou a ser analisada nessa mesma época e que é discutida até hoje.
**Palavras-chave:** mecânica quântica; mecânica ondulatória; mecânica matricial; teoria quântica; história da física

## 1. INTRODUÇÃO

O início da teoria quântica remonta a 1900, com o trabalho de Max Planck sobre a radiação do corpo negro. No entanto, entre esse início e a criação da mecânica quântica, decorreram mais de 20 anos. A mecânica quântica propriamente dita foi criada em 1925 e 1926, pelas contribuições de Heisenberg, Born, Jordan, Dirac, Pauli, Wiener, Schrödinger e outros.

MARTINS, Roberto de Andrade. *Ensaios sobre História e Filosofia das Ciências I*. Extrema: Quamcumque Editum, 2021.

Antes disso, houve tentativas não muito coerentes de aplicação da ideia de quantização à radiação eletromagnética e ao calor específico dos sólidos (Albert Eintein, Johannes Stark, Peter Debye e outros), à estrutura atômica e ao espectro descontínuo de emissão dos átomos (John William Nicholson, Niels Bohr, Arnold Sommerfeld e outros) e a outros fenômenos. Mas foi apenas na década de 1920 que a teoria quântica atingiu sua maturidade, dando nascimento a uma abordagem sofisticada e ampla, que podia ser aplicada a todos os tipos de situações. Esta é a fase que será abordada neste artigo. O período inicial da teoria quântica não será apresentado aqui (ver Martins & Rosa, 2014).

Até 1924, a teoria quântica havia se desenvolvido sob a forma de trabalhos de natureza incompleta, tentando resolver problemas particulares como a radiação do corpo negro, o calor específico dos sólidos, o espectro descontínuo do hidrogênio, e outras questões semelhantes. Para cada problema eram desenvolvidos novos métodos, não existindo uma teoria básica da qual tudo pudesse ser deduzido.

A mecânica quântica propriamente dita foi criada nos anos 1925 e 1926, como resultado de diversos desenvolvimentos paralelos. Por um lado, os trabalhos de Werner Heisenberg, complementados por Max Born e Pascual Jordan (Heisenberg, 1925; Born & Jordan, 1925; Born, Heisenberg & Jordan, 1925), levaram à criação da chamada "mecânica matricial", que procurava calcular grandezas diretamente mensuráveis (como os comprimentos de onda, intensidade e polarização de linhas espectrais) utilizando um método baseado em matrizes. Por outro lado, Erwin Schrödinger, independentemente desses pesquisadores, partindo do trabalho de Louis de Broglie (1924) sobre ondas associadas a partículas, desenvolveu a "mecânica ondulatória" (Schrödinger, 1926a, 1926b, 1926d, 1926e; versão em inglês em Schrödinger, 1926g), na qual interpretava os diversos estados atômicos e moleculares como ondas estacionárias tridimensionais associadas aos elétrons, que por sua vez eram considerados como objetos extensos (não pontuais), com sua carga distribuída pelo espaço. Um terceiro desenvolvimento, também da mesma época, foi o trabalho de Paul Dirac (1925; 1926a; 1926b), que possuía um caráter mais abstrato e maior semelhança com a mecânica matricial, tendo sido inspirado pelo primeiro trabalho de Heisenberg. Ainda no mesmo período, Max Born e Norbert Wiener desenvolveram uma quarta abordagem, utilizando operadores, um método que não era equivalente à mecânica matricial, permitindo estudar fenômenos não periódicos (Born & Wiener, 1926).

A mecânica quântica atualmente ensinada e utilizada pelos pesquisadores não é a teoria de Heisenberg, Born e Jordan, nem a teoria de Dirac, nem a teoria de Schrödinger. Ela é uma teoria que reúne alguns aspectos de cada uma dessas teorias, mas não reproduz exatamente nenhuma delas.

Um aspecto central dessa história é a questão sobre a existência de uma única mecânica quântica, ou duas diferentes – a mecânica matricial e a mecânica ondulatória. Este problema é diferente da questão sobre as diversas *interpretações* da mecânica quântica. Existe a possibilidade de fazer um experimento ou uma observação para tentar decidir se uma teoria é melhor do que outra; mas não é possível fazer um experimento para decidir se uma *interpretação* de uma teoria é melhor do que outra. Se duas abordagens diferentes relacionadas a uma teoria levam a consequências experimentais diferentes, então elas são duas teorias distintas e não devem ser consideradas como meras interpretações da mesma teoria.

Este artigo não pretende oferecer uma resposta, mas sim introduzir esse problema sobre a unicidade da mecânica quântica, que não pode ser considerado resolvido e que ainda tem gerado importantes pesquisas sobre os fundamentos da mecânica quântica.

A primeira seção deste artigo descreverá algumas informações biográficas sobre os personagens centrais da criação da mecânica quântica. Acredito que essa apresentação inicial contribuirá para a compreensão do próprio desenvolvimento da teoria. As seções seguintes do artigo comentam inicialmente sobre os precedentes da mecânica quântica, indicando alguns passos preliminares (como a teoria da radiação de Bohr, Kramers e Slater) e depois descrevem as etapas fundamentais de criação da mecânica quântica propriamente dita. Embora este seja um artigo de nível introdutório, não foi possível evitar os aspectos matemáticos e técnicos centrais, pois sem eles a própria teoria não faz sentido.

## *2. DRAMATIS PERSONÆ*

Vamos apresentar algumas informações biográficas sucintas sobre os principais personagens da história, para situar suas contribuições à mecânica quântica no período estudado: Werner Heisenberg, Erwin Schrödinger, Max Born, Paul Dirac, Wolfgang Pauli e Pascual Jordan. Não apresentaremos informações sobre a vida inteira de cada um, mas apenas sobre o período relevante (década de 1920, especialmente em torno de 1925-1926).

Os pesquisadores que contribuíram para o surgimento da mecânica matricial estavam relacionados a três importantes institutos de física, dirigidos por Arnold Sommerfeld (em München), Niels Bohr (em Copenhagen) e Max Born (em Göttingen). Embora Sommerfeld e Bohr tenham sido personagens importantes no desenvolvimento da antiga teoria quântica e tenham estimulado diversos jovens pesquisadores a contribuir para o desenvolvimento da mecânica quântica, não participaram diretamente da criação dessa teoria. Apenas depois da formulação da mecânica quântica Bohr teve um papel importante na elaboração da sua interpretação "padrão" (interpretação de Copenhagen) e sua defesa. Por não estarem diretamente envolvidos no episódio estudado na presente pesquisa, as biografias de Bohr e Sommerfeld não foram incluídas aqui.

### *2.1 Werner Heisenberg*

Werner Heisenberg (1901-1976) foi um dos "garotos" que ajudou a construir a mecânica quântica. Iniciou seus estudos universitários em 1921, na Universidade de München, sendo orientado por Arnold Sommerfeld (Mott & Peierls, 1977, p. 214). Nessa época, Wolfgang Pauli (apenas um ano mais velho do que Heisenberg) estava concluindo seu doutorado no grupo de Sommerfeld. Eles se tornaram amigos desde então.

Sommerfeld era uma autoridade na antiga teoria quântica aplicada ao estudo da teoria atômica e espectros, tendo publicado em 1919 um livro-texto sobre o assunto que se tornou uma referência na área, durante anos. Por sua influência, Heisenberg começou a se dedicar a esse tema.

Havia diversos problemas da física atômica que resistiam aos esforços de aplicação da antiga teoria quântica. Sommerfeld tinha consciência disso, mas era otimista e supunha que eles acabariam sendo resolvidos com algum esforço. Envolveu Heisenberg em estudos sobre fenômenos complexos, como efeito Zeeman em dubletos e tripletos, largura de raias espectrais em dubletos de raios X, e intensidade de raias em multipletos. Nenhuma dessas pesquisas levou a resultados importantes (Mott & Peierls, 1977, p. 216).

Na primavera de 1922 Heisenberg acompanhou Sommerfeld em uma visita de duas semanas a Copenhagen, onde conheceu Niels Bohr – um pesquisador que influenciou fortemente o jovem, desde essa época.

Durante o período de inverno de 1922-1923 Sommerfeld viajou para os Estados Unidos e fez arranjos para que, durante esse tempo, Heisenberg trabalhasse com Max Born, em Göttingen. Lá, Heisenberg se envolveu em pesquisas que também não proporcionaram resultados positivos, sobre átomos com vários elétrons e sobre a aplicação da teoria de perturbação ao átomo de hélio.

Paralelamente a essas pesquisas, Heisenberg também se dedicou ao estudo da hidrodinâmica. Por sugestão de Sommerfeld, começou a investigar o problema da turbulência, discutindo a estabilidade do fluxo laminar. Em meados de 1923 Heisenberg completou essa pesquisa e a submeteu como dissertação para obtenção do título de doutor (Mott & Peierls, 1977, pp. 217-218).

Depois da obtenção do seu título, Heisenberg voltou a Göttingen no segundo semestre de 1923, a convite de Max Born, como seu assistente de pesquisa. Tinha na época 22 anos de idade. Eles se dedicaram à pesquisa de problemas complexos que estavam ainda em aberto, como a teoria das moléculas, polarização atômica, multipletos em gases nobres, etc. (Mott & Peierls, 1977, p. 218).

Em 1924 Heisenberg fez um estágio em Copenhagen, junto ao grupo de Niels Bohr. Lá, desenvolveu uma pesquisa aplicando o princípio de correspondência de Bohr ao efeito Zeeman. Estudou também, com Hendrik Kramers, os problemas de emissão, absorção e espalhamento de luz por átomos e sua relação com a dispersão (Mott & Peierls, 1977, p. 219). Essa colaboração teve enorme importância e influência no trabalho posterior de Heisenberg, que começou a compreender quais das grandezas físicas características das transições atômicas são relevantes para a análise da interação dos átomos com a radiação. Vários aspectos do trabalho desenvolvido com Kramers tiveram influência, depois, no surgimento da mecânica matricial.

Na primavera de 1925 Heisenberg retornou a Göttingen, já convencido de que era necessária uma nova "mecânica quântica" (como defendia Max Born) e que era preciso abandonar a descrição dos detalhes da estrutura atômica. Começou a procurar relações entre as intensidades das raias espectrais do hidrogênio, utilizando o princípio de correspondência, mas a complexidade matemática o levou a desistir dessa tentativa. Escolheu então o oscilador não-harmônico para estudar (um oscilador com força restitutiva do tipo $F=-kx^2$). Um ataque alérgico (febre do feno) o obrigou a sair de Göttingen e a se afastar por uns 10 dias, em maio de 1925, indo para a ilha de Helgoland, onde não há gramíneas. Lá ele começou a obter os primeiros resultados positivos. Depois de retornar a Göttingen continuou a trabalhar sozinho, embora se correspondesse com seu amigo Pauli. No início de julho terminou um artigo (Heisenberg, 1925), entregou a Max Born, enviou uma cópia para Pauli e viajou para a Inglaterra. Max Born, com a ajuda do seu estudante Pascual Jordan, desenvolveu aspectos matemáticos que Heisenberg não havia conseguido elaborar e logo publicaram outro artigo (Born & Jordan, 1925). Quando Heisenberg retornou à Alemanha, os três (Born, Heisenberg, Jordan) concluíram um terceiro artigo, mais elaborado, no qual apresentavam as bases da mecânica matricial (Born, Heisenberg & Jordan, 1926).

Em maio de 1926 Heisenberg obteve seu primeiro cargo docente, em Copenhagen, no Instituto de Niels Bohr (Mott & Peierls, 1977, p. 222). No primeiro semestre de 1926, Erwin Schrödinger publicou seus trabalhos fundamentais sobre mecânica ondulatória. Heisenberg reagiu negativamente, criticando esses trabalhos e as ideias básicas de Schrödinger, embora começasse a utilizar suas técnicas (Mott & Peierls, 1977, p. 223). No segundo semestre desse ano, Schrödinger foi convidado a visitar Copenhagen, onde discutiu extensamente suas ideias com Bohr e Heisenberg, sem conseguir convencê-los. No entanto, eles perceberam que os fundamentos da mecânica quântica não estavam claros. Foi depois disso que Heisenberg se dedicou a um aprofundamento conceitual da teoria, que resultou na publicação do trabalho no qual propôs o princípio da indeterminação, em 1927.

### *2.2 Wolfgang Pauli*

Wolfgang Ernst Pauli (1900-1958) começou a estudar na Universidade de München em 1918. Supervisionado por Arnold Sommerfeld, ele obteve o título de doutoramento em física teórica três anos depois, aos 21 anos de idade. Seu trabalho de doutorado foi a análise da molécula de hidrogênio ionizada, aplicando em seu estudo o método de quantização de Bohr-Sommerfeld. Simultaneamente ao seu doutorado, ele escreveu uma longa monografia sobre teoria da relatividade para a *Enciclopédia das Ciências Matemáticas* (*Encyclopädie der mathematischen Wissenschaften*), com o apoio de Sommerfeld (Peierls, 1960, pp. 175-176).

Após concluir seu doutoramento, Pauli fez um estágio na Universidade de Göttingen, onde trabalhou em colaboração com Max Born, em 1921-1922; e passou o ano seguinte em Copenhagen, trabalhando junto ao grupo de Niels Bohr, escrevendo um artigo com H. A. Kramers sobre espectros contínuos. Em 1923 obteve uma colocação na Universidade de Hamburg, como livre-docente, onde permaneceu até 1928 (Peierls, 1960, p. 176).

O interesse inicial de Pauli era a teoria da relatividade, mas logo ele se concentrou no estudo da teoria atômica e da teoria quântica. Seus primeiros artigos sobre o assunto, publicados entre 1920 e 1924, tratavam do efeito de campos magnéticos e elétricos no espectro atômico, a teoria da molécula de hidrogênio ionizada (sua tese) e a utilização da teoria de perturbação (Peierls, 1960, pp. 177 e 187-188). Em 1925, ao estudar o espectro de átomos complexos, introduziu aquilo que foi depois chamado de "princípio de exclusão de Pauli". Aparentemente, foi ao ser obrigado a introduzir esse princípio, que não tem qualquer analogia com a física clássica, que ele percebeu que a teoria quântica exigia postulados totalmente novos e que não bastava adicionar algumas regras de quantização de energia à física clássica para compreender o átomo (Peierls, 1960, p. 178).

Em 1925, quando Heisenberg estava desenvolvendo seu primeiro artigo sobre os fundamentos da mecânica quântica, ele se correspondeu longamente com Pauli, pedindo-lhe sua opinião sobre as ideias em que estava trabalhando. Logo depois da conclusão do artigo de Heisenberg, Pauli começou a aplicar a nova mecânica quântica e foi o primeiro a conseguir resolver o problema do átomo de hidrogênio utilizando o novo formalismo matricial – uma pesquisa de grande complexidade matemática (Pauli, 1926). Os trabalhos iniciais de Heisenberg, Born e Jordan apenas haviam conseguido analisar problemas muito mais simples. Assim sendo, considera-se que Pauli contribuiu fortemente para que a nova teoria quântica fosse aceita.

### *2.3 Max Born*

Max Born (1882-1970) foi o físico mais experiente do grupo envolvido com a criação da mecânica matricial – tinha mais de 40 anos de idade, na época. Na fase que nos interessa, ele era diretor do Instituto de Física da Universidade de Göttingen, onde permaneceu de 1921 a 1933 (Kemmer & Schlapp, 1971, p. 21). Nesse período, Born estava inicialmente estudando a termodinâmica de cristais. Logo depois, no entanto, seu principal interesse se tornou a teoria quântica. Desenvolveu nos anos seguintes trabalhos sobre o assunto com seus jovens assistentes, Wolfgang Pauli e Werner Heisenberg, e com um estudante, Pascual Jordan. O primeiro artigo que publicou a respeito da quantização de sistemas mecânicos é de 1922 e foi escrito em colaboração com Pauli (Kemmer & Schlapp, 1971, p. 32).

Em 1923 Heisenberg começou a trabalhar com Born, estudando problemas atômicos altamente complexos. Publicaram um artigo sobre o átomo de hélio, que não levou a bons resultados mas que os convenceu da necessidade de uma ruptura completa com a teoria quântica semi-clássica que era praticada por todos. Em meados de 1924 Born publicou um trabalho em cujo título apareceu pela primeira vez a expressão "mecânica quântica", embora ainda não existisse de fato tal teoria (Born, 1924). Max Born estava claramente intuindo como deveria ser a nova mecânica quântica, mas apenas conseguiu apresentar algumas ideias preliminares dessa teoria (Kemmer & Schlapp, 1971, p. 33).

Em 1925 Heisenberg elaborou um primeiro trabalho sobre a mecânica quântica (Heisenberg, 1925), utilizando um novo formalismo que era obscuro até para o próprio autor. Segundo o próprio Heisenberg, foi a fé de Born na necessidade de que era necessário criar uma mecânica quântica completamente nova e autônoma que levou ao desenvolvimento dessa pesquisa (Kemmer & Schlapp, 1971, p. 32).

Foi Born, que possuía uma base matemática muito mais ampla, quem reconheceu que o cálculo utilizado por Heisenberg era equivalente à álgebra matricial. Logo em seguida, enquanto Heisenberg estava ausente de Göttingen, Born e Pascual Jordan desenvolveram o formalismo matricial da mecânica quântica (Born & Jordan, 1925). O trabalho foi completado logo depois, em conjunto, pelos três pesquisadores (Born, Heisenberg & Jordan, 1926). Pode-se dizer que a contribuição de Born foi fundamental para o desenvolvimento da mecânica matricial, sob vários aspectos, e que é injusto atribuir a teoria apenas a Heisenberg (Kemmer & Schlapp, 1971, p. 34).

Em seguida, Born passou alguns meses nos Estados Unidos, no Massachusetts Institute of Technology, onde aprofundou as bases da mecânica quântica com a colaboração de Norbert Wiener, criando um novo formalismo para a teoria, com o uso de operadores (Born & Wiener, 1926). Isso permitiu aplicar a nova mecânica quântica a fenômenos aperiódicos, que não podiam ser analisados com o formalismo matricial.

Durante o primeiro semestre de 1926, Erwin Schrödinger publicou seus trabalhos fundamentais sobre a mecânica ondulatória. Max Born apreciou a abordagem de Schrödinger e começou a utilizá-la, analisando fenômenos de colisão (espalhamento). No entanto, rejeitou a interpretação que o próprio Schrödinger dava à mecânica ondulatória e propôs a interpretação estatística da função de onda (Born, 1926). Foi principalmente por esse trabalho que Born recebeu o Prêmio Nobel, muitos anos mais tarde.

### *2.4 Erwin Schrödinger*

Erwin Schrödinger (1887-1961) era mais jovem do que Max Born, porém já tinha 38 anos de idade quando desenvolveu a sua versão da teoria quântica – a mecânica ondulatória. Na Universidade de Viena, onde estudou, foi aluno de Fritz Hasenöhrl, que o influenciou muito. Suas primeiras pesquisas, na década de 1910, foram sobre estatística, dielétricos, magnetismo e difração de raios X (Heitler, 1961, pp. 221-222). Depois do fim da primeira guerra mundial (na qual lutou), publicou trabalhos sobre teoria da relatividade, além de assuntos que já havia pesquisado antes (mecânica estatística e difração de raios X) e teoria das cores.

Em 1921 obteve uma colocação como professor de física teórica na Universidade de Zurich, na Suíça, sucedendo a Albert Einstein e Max von Laue. Permaneceu nessa universidade durante 6 anos. Esse foi o período no qual produziu suas mais importantes pesquisas. Foi a partir de 1921 que Schrödinger começou a se interessar pela teoria quântica, mas inicialmente publicou apenas alguns trabalhos de pouca importância (Heitler, 1961, p. 222).

Em 1925 Schrödinger voltou a trabalhar com mecânica estatística, analisando a teoria dos gases ideais, utilizando o princípio de que as moléculas são não podem ser distinguidas umas das outras. Na mesma época, Einstein estava publicando trabalhos a respeito do mesmo assunto, introduzindo aquilo que posteriormente foi denominado de "estatística de Bose-Einstein". Em um desses artigos, Einstein discutiu os fenômenos de flutuação estatística dos gases e mostrou que uma parte da equação obtida podia ser interpretada sob o ponto de vista de interferência de ondas. Sugeriu que talvez as moléculas tivessem um aspecto ondulatório, chamando a atenção para o trabalho de Louis de Broglie a respeito de ondas associadas a partículas. Schrödinger estudou esse artigo de Einstein e, através dele, tomou conhecimento das ideias de De Broglie. Segundo Wilhelm Heitler, que era estudante de doutoramento em München nessa época, as ideias de De Broglie eram muito discutidas, mas ninguém as levou muito a sério – com a exceção de Einstein e Schrödinger (Heitler, 1961, p. 222).

No final de 1925, Schrödinger começou a se dedicar intensamente à busca de uma equação de onda associada às ondas da matéria da teoria de De Broglie. Conseguiu obter os primeiros resultados importantes durante algumas semanas de férias, de dezembro de 1925 a janeiro de 1926. Logo em seguida, publicou uma sequência de 4 artigos fundamentais, apresentando a sua mecânica ondulatória e mostrando suas aplicações. Não só nesse período, mas em toda sua vida acadêmica, Schrödinger desenvolveu sua pesquisa sozinho (Heitler, 1961, p. 225).

O trabalho inicial de Schrödinger foi realizado sem conhecimento dos primeiros artigos de Heisenberg, Born e Jordan sobre mecânica matricial. No entanto, ainda durante o primeiro semestre de 1926, ele publicou um artigo no qual procurava mostrar que a mecânica matricial e a mecânica ondulatória, apesar de suas diferenças aparentes, eram equivalentes.

### *2.5 Paul Dirac*

Paul Adrien Maurice Dirac (1902-1984) foi o único físico inglês que contribuiu significativamente na fase inicial de desenvolvimento da mecânica quântica. Era aproximadamente da mesma idade que Heisenberg e Pauli.

Dirac começou a estudar engenharia elétrica na Universidade de Bristol em 1918. Começou a se interessar pela teoria da relatividade e tentou ingressar em Cambridge, mas não teve condições financeiras de estudar lá. Começou então estudos de matemática em Bristol, completando sua graduação em 1923 (Dalitz & Peierls, 1986, pp. 141-143).

Em seguida, Dirac conseguiu uma bolsa de estudos para prosseguir seus estudos em Cambridge. Pretendia estudar relatividade, mas Ebenezer Cunningham (com quem ele queria pesquisar) não estava aceitando novos alunos. Por isso, Dirac foi trabalhar com Ralph H. Fowler, que se dedicava à mecânica estatística e à teoria atômica quântica. Dirac começou a se dedicar a esses dois temas, publicando 8 artigos em 1924 e 1925 (Dalitz & Peierls, 1986, p. 147).

No verão de 1925, Heisenberg passou algum tempo em Cambridge, apresentando seminários – embora, aparentemente, não tenha exposto o trabalho que acabara de concluir em Göttingen. Depois de retornar à Alemanha, Heisenberg enviou a Fowler uma cópia da primeira versão do seu primeiro artigo sobre mecânica quântica. Fowler o mostrou a Dirac, que inicialmente não se interessou muito, mas depois ficou intrigado com as propriedades matemáticas das grandezas utilizadas por Heisenberg, para as quais *p.q* era diferente de *q.p* (Dalitz & Peierls, 1986, p. 148). A natureza dessas grandezas não era clara no artigo de Heisenberg (depois, Max Born mostrou que podiam ser representadas por matrizes).

Dirac, refletindo sobre o trabalho de Heisenberg, logo encontrou um modo alternativo de desenvolver aquela nova mecânica, utilizando um formalismo algébrico baseado na mecânica analítica e associando os comutadores quânticos aos colchetes de Poisson. No final de 1925, ele concluiu seu primeiro artigo sobre o assunto (Dirac, 1925) no qual introduziu a álgebra dos "números q" e conseguiu vários resultados que foram obtidos paralelamente por Born, Heisenberg e Jordan, porém adotando um novo formalismo (Dalitz & Peierls, 1986, p. 163).

No início de 1926, Dirac conseguiu aplicar a mecânica quântica ao átomo de hidrogênio – paralelamente a Pauli, que também conseguira aplicar o formalismo matricial a esse problema. Em maio de 1926, utilizando seus estudos sobre a mecânica quântica, Dirac obteve seu título de doutorado (Dalitz & Peierls, 1986, p. 148). Logo em seguida, Fowler conseguiu que ele fizesse estágios em Copenhagen e Göttingen, para ter a oportunidade de discutir seus trabalhos com os outros pesquisadores que estavam desenvolvendo a mecânica quântica.

Em Copenhagen, no final de 1926, Dirac desenvolveu a teoria da transformação e elaborou um trabalho (Dirac, 1927) onde mostrou que a mecânica ondulatória e a mecânica matricial eram casos particulares de uma formulação mais geral (Dalitz & Peierls, 1986, pp. 148, 164). De acordo com Dalitz e Peierls, inicialmente Dirac não gostou do trabalho de Schrödinger, e foi Heisenberg quem o convenceu de que a mecânica ondulatória era útil para suplementar a mecânica matricial (Dalitz & Peierls, 1986, p. 164).

Em 1927, Dirac retornou à Inglaterra e obteve uma posição de pesquisador ("fellow") no St John's College, em Cambridge. Devido ao seu interesse pela teoria da relatividade, Dirac procurou associar essa teoria à mecânica quântica, aplicando as duas teorias ao estudo do efeito Compton. No final de 1927 começou a elaborar a teoria quântica relativística do elétron, que publicou em dois trabalhos em 1928, nos quais aparece a "equação de Dirac" (Dalitz & Peierls, 1986, pp. 165-166). O livro publicado por Dirac em 1930, *The principles of quantum mechanics*, foi o primeiro livro-texto sistemático sobre o tema, tornando-se rapidamente uma obra de referência sobre o assunto.

### *2.6 Pascual Jordan*

Pascual Jordan (1902-1980) tinha interesses variados e iniciou em 1921 seus estudos de física, matemática e zoologia na Universidade Técnica de Hannover. Em 1923 transferiu-se para a Universidade de Göttingen, obtendo seu título de doutor em 1924, com uma tese sobre mecânica estatística. Sua formação matemática, especialmente na área de álgebra, era considerada excelente (Schroer, 2003, p. 2). Ele assistiu cursos com Richard Courant no departamento de matemática de Göttingen e se tornou seu assistente, mantendo também contato com David Hilbert.

Auxiliou Courant na preparação do livro *Methoden der mathematischen Physik* ("Métodos da física matemática"), de Richard Courant e David Hilbert, publicado em 1924 (Jammer, 1966, p. 207). Essa obra continha as ferramentas matemáticas essenciais que foram utilizadas logo depois para o desenvolvimento da mecânica quântica.

Em 1925 começou a trabalhar simultaneamente com o físico experimental James Franck e com o físico teórico Max Born (Schroer, 2003, p. 2), ambos de Göttingen e igualmente envolvidos com a pesquisa de fenômenos atômicos e teoria quântica. Colaborou com Franck na redação de um livro sobre fenômenos quânticos em colisões (FRANCK, James; JORDAN, Pascual. *Anregung von Quantensprüngen durch Stoesse*. Berlin: Springer, 1926).

Jordan começou também a colaborar com Max Born em estudos a respeito da teoria quântica, publicando com ele dois artigos no primeiro semestre de 1925. Em julho de 1925 Heisenberg concluiu seu primeiro artigo sobre os fundamentos da mecânica quântica (Heisenberg, 1925), que tinha várias limitações matemáticas. Max Born e Pascual Jordan conseguiram desenvolver o trabalho de Heisenberg e publicaram um artigo com as principais relações da mecânica matricial (Born & Jordan, 1925). A maior parte das demonstrações matemáticas foi desenvolvida por Jordan, que tinha 22 anos de idade. Logo depois, com a colaboração do próprio Heisenberg, publicaram um segundo artigo desenvolvendo a teoria e algumas de suas aplicações (Born, Heisenberg & Jordan, 1926).

No final de 1925 Jordan escreveu, sozinho, um trabalho sobre a estatística das partículas que obedecem ao princípio de exclusão de Pauli, e que denominou “estatística de Pauli”. Submeteu o artigo para publicação, entregando-o a Max Born, que era editor da revista *Zeitschrift für Physik*. Porém, Born estava de partida para os Estados Unidos e esqueceu o artigo de Jordan em uma pasta, na Alemanha. Quando regressou, vários meses depois, o mesmo tipo de estatística já tinha sido estudado por Enrico Fermi e Paul Dirac, sendo por isso conhecida como “estatística de Fermi-Dirac”. Assim, por um descuido de Max Born, Jordan perdeu a prioridade na publicação dessa teoria (Schroer, 2003, p. 2).

Em colaboração com Heisenberg, Jordan publicou um trabalho aplicando a nova mecânica matricial ao estudo do efeito Zeeman anômalo, introduzindo a hipótese do spin do elétron nessa teoria (Schroer, 2003, p. 6).

Jordan obteve a posição de livre-docente em Hamburg em 1926, com uma tese a respeito da teoria quântica da radiação. No segundo semestre desse ano, Jordan propôs uma demonstração, independentemente de Paul Dirac, de que as várias formulações da mecânica quântica podiam ser associadas através da teoria estatística de transformação (Beyler, 1996, p. 258). O trabalho de Jordan foi fundamental para o desenvolvimento do princípio de indeterminação de

Heisenberg, no ano seguinte (Beller, 1985). Posteriormente, Jordan teve um papel fundamental na criação da teoria quântica de campo e, a partir da década de 1930, na biologia quântica.

Em meados da década de 1920 Jordan começou mostrar tendências políticas nacionalistas e de direita e logo se envolveu fortemente com o movimento nazista (Schroer, 2003, pp. 2-3). Isso parece ter contribuído para seu posterior isolamento e perda de prestígio.

## 3. PRECENDENTES DA MECÂNICA QUÂNTICA

Como já indicamos, a Mecânica Quântica foi criada em 1925 e 1926, pelas contribuições de Heisenberg, Born, Jordan, Dirac, Pauli, Wiener, Schrödinger e outros.

Até o início de 1925 não se pode afirmar que existisse uma mecânica quântica propriamente dita. Havia, sim, diversos problemas que haviam sido estudados utilizando-se ideias de quantização, mas cada problema era estudado por um método diferente, baseando-se em analogias com a física clássica e introduzindo de alguma forma não muito bem justificada o quantum de ação de Planck (Jammer, 1966, p. 196).

O principal problema da teoria quântica, no início da década de 1920, era explicar os espectros atômicos e suas peculiaridades na presença de campos elétricos e magnéticos. Inicialmente o objetivo era apenas dar conta das frequências das raias espectrais, mas depois se tornou essencial compreender também as *intensidades* das mesmas, que variavam de um modo incompreensível (Rosenfeld, 1973, p. 256). As tentativas de explicar essas intensidades utilizavam o princípio de correspondência de Bohr, que estabelecia uma relação entre a física clássica e a física quântica. Em 1918, Bohr ainda supunha que a teoria atômica deveria ser desenvolvida aplicando-se a física clássica (incluindo correções relativísticas) para calcular os estados estacionários do átomo, estudando os movimentos dos elétrons em torno dos núcleos (Bohr, 1918, p. 99).

A passagem da teoria clássica para a quântica era um processo de tentativa e erro, comparando os harmônicos da física clássica às transições entre dois estados estacionários da teoria atômica: "O trabalho de pesquisa durante os anos 1919-1925 que finalmente levou à Mecânica Quântica pode ser descrito como *adivinhação sistemática, guiada pelo Princípio de Correspondência*" (Waerden, 1967, p. 8).

Em meio a essas tentativas, repletas de fracassos, Bohr e Kramers foram levados à convicção de que era necessário abandonar o modelo clássico de elétrons descrevendo órbitas elípticas em torno do núcleo atômico. Outros autores, como Sommerfeld, mantinham sua fé no antigo modelo (Rosenfeld, 1973, p. 257).

Ocorreram, a partir desse ponto, dois desenvolvimentos paralelos: a criação da mecânica matricial por Heisenberg, e o surgimento da mecânica ondulatória desenvolvida por Schrödinger a partir de ideias de Louis de Broglie.

No caso da teoria de Heisenberg, pode-se dizer que os primeiros passos foram inseguros, sem nenhuma base física clara, iniciando-se pela criação de um formalismo cuja interpretação era obscura para seu próprio autor.

A mecânica matricial começou a ser criada em meados de 1925, quando Werner Heisenberg estava na ilha de Heligoland, recuperando-se de um ataque de febre do feno (Jammer, 1974, p. 21). Nessa época, ele começou a tentar representar as quantidades físicas observáveis da teoria quântica (especialmente frequências e intensidades de raias espectrais) através de números complexos. Obteve relações matemáticas que não lhe eram familiares e que foram logo depois interpretadas por Max Born como propriedades de matrizes. O primeiro trabalho de Heisenberg (1925) era bastante obscuro. Logo depois, no entanto, a matemática subjacente ao trabalho de Heisenberg foi desenvolvida por Max Born, com a ajuda de Pascual Jordan (Born & Jordan, 1925) e do próprio Heisenberg (Born, Heisenberg & Jordan, 1925).

No caso da teoria de Schrödinger, pelo contrário, havia uma base teórica bastante sólida e compreensível, desenvolvida por Louis de Broglie, originada de uma fusão entre o princípio quântico $E=h\nu$ e a teoria da relatividade especial. Embora as ideias de De Broglie fossem novas, constituíam uma proposta bastante coerente e bem fundamentada, que dava uma interpretação original aos fenômenos de quantização, interpretando-os como fenômenos de produção de ondas estacionárias.

Os dois desenvolvimentos surgiram simultaneamente, de forma independente, passando no entanto a influenciar-se mutuamente logo em seguida. Em meados de 1926 o formalismo da mecânica quântica estava praticamente completo e havia mostrado sua fertilidade, sendo aplicado e resolvendo diversos problemas importantes da física atômica, como o cálculo dos efeitos Zeeman e Stark (Jammer, 1974, p. 22).

No caso da mecânica matricial, o trabalho de Heisenberg foi precedido por várias contribuições que prepararam o surgimento de sua abordagem, que serão descritas a seguir.

## 4. A TEORIA DA RADIAÇÃO DE BOHR, KRAMERS E SLATER

Uma das linhas de pesquisa, anterior à criação da mecânica quântica propriamente dita, que mais influenciou no surgimento da nova teoria foi o estudo da teoria da dispersão da radiação (Waerden, 1967, pp. 8-12). A teoria clássica da dispersão descrevia o átomo como um conjunto de osciladores, cujas frequências eram iguais às frequências de absorção. Em 1921, Rudolf Ladenburg tentou desenvolver uma teoria quântica da dispersão, mas não era possível utilizar o modelo do átomo de Bohr, porque as frequências de absorção deveriam estar associadas às frequências do elétron nos estados estacionários e a seus harmônicos – o que não ocorria. Sem se preocupar muito com o modo de justificar sua hipótese, Ladenburg manteve na sua análise quântica a ideia clássica de que o átomo poderia ser considerado como um conjunto de osciladores com frequências iguais às de absorção. Trabalhando sobre essa estrutura essencialmente clássica, mas quantizando os osciladores, ele obteve bons resultados.

Essa ideia serviu depois de base para o trabalho de Bohr, Kramers e Slater sobre a teoria da radiação, bem como para os trabalhos de Kramers e Heisenberg sobre dispersão (Waerden, 1967, p. 11). Pode-se dizer que, por influência de Ladenburg, os físicos quânticos começaram a trabalhar com uma abordagem mais abstrata para descrever o átomo, abandonando os modelos baseados na ideia de elétrons em movimento em torno de um núcleo.

De acordo com Max Jammer, o trabalho publicado por Bohr, Kramers e Slater sobre a natureza quântica da radiação (Bohr, Kramers & Slater, 1924) representou uma ruptura com a antiga teoria quântica e preparou o surgimento do trabalho de Heisenberg, de 1925 (Jammer, 1966, pp. 183-185).

Em 1924 um jovem norte-americano, John Clark Slater (1900-1976), recém-doutorado, visitou o instituto de física da Copenhagen, onde trabalhou com Niels Bohr (1885-1962) e Hendrik Anthony Kramers (1894-1952). Slater havia obtido seu doutorado em física em Harvard no ano anterior e estava realizando estágios na Europa (Cambridge e Copenhagen).

A concepção de John Slater a respeito de um "campo virtual de radiação" foi fundamental para o trabalho de Bohr, Kramers e Slater, bem como para os trabalhos posteriores de Kramers e Heisenberg sobre dispersão (Waerden, 1967, pp. 11-12). Slater publicou essa ideia sob a forma de uma carta ao editor da revista *Nature*, enviada em janeiro e publicada em março de 1924 (Slater, 1924). Na teoria eletromagnética clássica, uma carga oscilante emite radiação eletromagnética; no entanto, na teoria quântica, era necessário supor que a emissão só ocorre quando há a transição de um estado para outro.

Slater supôs que quando os osciladores estão no estado estacionário, eles estariam em comunicação (sem troca de energia) com todos os outros átomos à sua volta, através de um *campo virtual de radiação* ("virtual" porque é desprovido de energia) com frequências iguais às frequências quânticas de transição (que são diferentes das frequências de oscilação, no caso do átomo de Bohr). Esse campo virtual teria o papel de determinar as probabilidades das transições quânticas – ou seja, a emissão ou absorção de energia por um átomo dependeria não apenas de seu próprio estado, mas também das influências virtuais recebidas por parte dos outros átomos (Slater, 1924, p. 307). Slater também supôs que os quanta de radiação, ao se deslocarem pelo espaço, seriam direcionados por esse campo virtual de radiação.

Porém, ao discutir suas ideias com Kramers e Bohr, durante uma estada em Copenhagen, estes rejeitaram parte de suas ideias (pois Bohr não aceitava a ideia dos quanta de luz) e alteraram outras (Waerden, 1967, p. 12). O trabalho produzido por Bohr, Kramers e Slater (1924) utilizava a ideia do "campo virtual de radiação" de Slater, mas introduzia outras ideias devidas a Kramers e Bohr: a de que os processos de emissão e absorção de energia em átomos distantes são independentes; e que a energia e o momentum só se conservam estatisticamente, mas não em cada evento individual de absorção / emissão de energia (Waerden, 1967, pp. 12-13).

Slater originalmente imaginou que, através da comunicação entre átomos distantes através do campo virtual de radiação, haveria algum tipo de conexão entre a emissão de energia por um deles e a absorção de igual quantidade de energia por um outro (ver Bohr, Kramers & Slater, 1924, p. 160)[1]. No entanto, no trabalho de Bohr, Kramers e Slater, essa ideia foi substituída pela hipótese de que os processos de emissão e absorção que ocorreriam em átomos distantes não estariam sincronizados, apesar da existência dessa comunicação através do campo virtual de radiação.

Muitos trabalhos posteriores se basearam no artigo de Bohr, Kramers e Slater, mas utilizando apenas o princípio do campo virtual de radiação e não as outras hipóteses do artigo. Por isso, costuma-se considerar que a parte realmente importante desse trabalho foi a contribuição de Slater.

---

[1] Foi utilizada a reedição contida em Waerden, 1967.

Cada átomo, nessa teoria, estaria emitindo continuamente um conjunto de oscilações virtuais correspondente a todas as suas frequências possíveis. Embora essas ondas virtuais não contivessem energia, elas podiam produzir efeitos nos átomos vizinhos, sendo portanto reais. Essa ideia preparou a concepção de Heisenberg de que os átomos deveriam ser descritos simplesmente como conjuntos de osciladores com grande número de frequências, representados por matrizes (Jammer, 1966, p. 187).

Nesse artigo, a hipótese dos quanta de luz de Einstein é mencionada e descartada:

> Embora o grande valor heurístico dessa hipótese seja mostrado pela confirmação das previsões de Einstein sobre o fenômeno fotoelétrico, a teoria dos quanta de luz obviamente não pode ser considerada como uma solução satisfatória do problema da propagação da luz. Isso se torna clara pelo próprio fato de que a 'frequência' $\nu$ da radiação que aparece na teoria é definida por experimentos sobre fenômenos de interferência que aparentemente exigem para sua interpretação uma constituição ondulatória da luz. (Bohr, Kramers & Slater, 1924, p. 161)

Essa teoria da radiação, que logo foi abandonada por estar em conflito com fatos experimentais, utilizava uma concepção da luz em que esta sofria processos descontínuos de absorção e emissão sem, no entanto, ser constituída por partículas (Bohr rejeitava a ideia dos quanta de luz). A luz não seria também constituída por ondas, mas os processos de emissão e absorção estariam associados a certas ondas (um campo virtual de radiação, que não transmitiria energia), através de relações estatísticas. Os processos individuais de emissão e absorção não podiam ser explicados ou previstos, o que significava uma ruptura com a visão causal da física anterior. A ideia de relações estatísticas entre ondas e fenômenos descontínuos também foi um marco, que serviu de precedente para a análise posterior de

Max Born a respeito da interpretação estatística da mecânica ondulatória.

Segundo a teoria de Bohr, Kramers e Slater, cada átomo está continuamente interagindo (mas sem troca de energia) com todos os outros átomos próximos através de certo mecanismo que é "virtualmente equivalente ao campo de radiação da teoria clássica", ou seja, algo semelhante às ondas eletromagnéticas que seriam emitidas pela oscilação de cargas elétricas. A probabilidade de que um determinado átomo emita ou absorva radiação dependeria de seu próprio estado e também dos estados dos átomos com os quais ele está em comunicação pelo campo virtual de radiação. No entanto, a emissão ou absorção de energia por um átomo não estaria relacionada diretamente com a emissão ou absorção de energia por outros átomos, e por isso a energia apenas se conservaria sob o ponto de vista estatístico (o valor médio seria constante), e não sob o ponto de vista de cada processo individual. A luz propriamente dita não seria nem onda nem partícula, nem uma união dos dois aspectos. Essa teoria desistia de descrever a radiação em si, concentrando-se apenas nos processos de emissão e absorção de energia (Jammer, 1966, pp. 184-185).

Logo depois da proposta dessa teoria, Kramers (inicialmente sozinho e depois com a ajuda de Heisenberg) se dedicou a aplicá-la para o estudo do processo de dispersão da luz na matéria (Jammer, 1966, p. 188). Vários autores, como Sommerfeld, Debye e Davisson, já haviam tentado desenvolver uma teoria quântica da dispersão chegando, no entanto, a problemas graves, porque o modelo atômico de Bohr-Sommerfeld levava à consequência de que todos os harmônicos das frequências próprias dos elétrons deveriam ser frequências de ressonância, o que não se mostrou válido (Jammer, 1966, p. 189). Desistindo, no entanto, do uso do modelo semi-clássico de Bohr-Sommerfeld e tratando o átomo como um conjunto de osciladores virtuais, Kramers e Heisenberg conseguiram contornar o problema encontrado pelos pesquisadores anteriores.

O trabalho de Kramers sobre teoria da dispersão introduziu uma nova ideia: além de levar em conta apenas as frequências de absorção atômicas, ele introduziu na fórmula as frequências de emissão, com sinal negativo, para que a fórmula quântica obtida tivesse como limite para grandes números quânticos a fórmula clássica (Waerden, 1967, p. 14). Existiriam, portanto, os "osciladores virtuais positivos" e "osciladores virtuais negativos".

Esses e outros trabalhos estavam se afastando da física clássica, adotando uma visão mais abstrata dos processos atômicos e introduzindo um formalismo que, muitas vezes, não tinha interpretação física clara, mas levava a resultados interessantes.

## 5. MAX BORN E A "MECÂNICA QUÂNTICA"

Em 1924 Max Born publicou um importante trabalho (completado em junho de 1924), no qual analisou a possibilidade de criar um método geral que permitisse passar das fórmulas da física clássica para as da "mecânica quântica" (Born, 1924) – introduzindo nesse artigo o nome "mecânica quântica", que não era ainda utilizado (Waerden, 1967, pp. 15-16). O autor defendia o abandono do tratamento semi-clássico da estrutura atômica – que não tinha produzido bons resultados no caso de átomos com vários elétrons – e o estudo desses sistemas através de uma "mecânica quântica" (uma expressão que ainda não era usual) analisando a interação entre os elétrons por um método semelhante ao de Kramers (Jammer, 1966, pp. 191-192). Max Born mostrou também que havia uma correspondência entre certos resultados obtidos em sua análise e as fórmulas da mecânica analítica clássica.

Aparentemente, Max Born havia se convencido em 1922-1923 de que não era possível aplicar o modelo do átomo de Bohr a sistemas com vários elétrons. Trabalhando com seus assistentes Pauli e Heisenberg, Max Born aplicou métodos de perturbação ao átomo de hélio, porém os resultados obtidos não concordavam com os dados espectroscópicos (Waerden, 1967, pp. 19-20). "Ficamos cada vez mais convencidos de que era necessária uma mudança radical nos fundamentos da física, isto é, um novo tipo de mecânica para o qual utilizamos o termo mecânica quântica" (Born, *apud* Waerden, 1967, p. 20).

No seu artigo de 1924, Max Born discute inicialmente as dificuldades encontradas no estudo de átomos com vários elétrons. Supunha-se que os vários elétrons dentro de um átomo estavam em movimento periódico e que interagiam entre si através de campos eletromagnéticos variáveis, com frequência da mesma ordem da frequência da luz visível. Para compreender a interação entre os vários elétrons era necessário saber, primeiramente, como cada elétron interage com a radiação – e isso era o que Bohr, Kramers e Slater haviam tentado esclarecer. Generalizando as ideias dos osciladores virtuais dentro do átomo e do campo virtual de radiação, Born imaginou que seria possível superar as dificuldades encontradas, e desenvolver a teoria dos átomos com vários elétrons (Born, 1924, p. 181)[2].

Em vez de tentar descrever os próprios estados estacionários do átomo (como no caso do modelo de Bohr), Max Born raciocinou da seguinte forma:

> Sabíamos que as frequências de vibração eram proporcionais às diferenças de energia entre dois estados estacionários. Aos poucos tornou-se claro que essa era a principal característica da nova mecânica: cada grandeza física depende de dois estados estacionários e não de uma órbita, como na mecânica clássica. O problema era encontrar as leis para essas 'quantidades de transição'. (Born, *apud* Waerden, 1967, p. 20)

Born indicou que a fórmula de dispersão de Kramers continha apenas 'quantidades de transição', no sentido acima, e considerou que:

---

[2] Foi utilizada a tradução contida em Waerden, 1967.

> Esse foi o primeiro passo do domínio luminoso da mecânica clássica para o mundo subterrâneo, ainda escuro e inexplorado, da nova mecânica quântica. Eu dei o passo seguinte com a questão: não se poderia encontrar, por um processo sistemático de adivinhação semelhante a esse, a interação entre dois sistemas eletrônicos em termos de 'quantidades de transição'? (Born, *apud* Waerden, 1967, p. 20)

Born assumiu que, para fins de cálculo de emissão, absorção e dispersão de radiação, um átomo pode ser considerado como um conjunto de "osciladores virtuais" cujas frequências ν(n,n') são dadas pelas diferenças de energia *W*(n)–*W*(n') entre os estados estacionários do átomo:

$$\nu(n,n') = (1/h)[W(n) - W(n')]$$

A cada oscilador virtual corresponde (pelo princípio de correspondência de Bohr) um termo na série de Fourier do movimento do sistema no estado de energia *W*(n), calculada classicamente. Porém, a física clássica trata as grandezas como contínuas, e a física quântica deve considerar descontinuidades. Por isso, Born sugeriu que os coeficientes diferenciais das fórmulas clássicas deveriam ser substituídos por diferenças finitas, nas fórmulas quânticas (Waerden, 1967, p. 16). Ele mostrou como aplicar essa ideia para deduzir a fórmula de dispersão de Kramers, e também fez uma análise quântica da teoria de perturbação.

Além da importância das próprias ideias do artigo de Max Born de 1924, é importante indicar que Werner Heisenberg era seu assistente em Göttingen na época em que redigiu esse trabalho, e que em uma nota de rodapé Born menciona que alguns cálculos foram feitos por Heisenberg: "Sou muito grato ao Sr. W. Heisenberg por muitas sugestões e ajuda com os cálculos" (Born, 1924, p. 182, nota 3). A participação de Heisenberg nas pesquisas de Born e de Kramers, foi certamente decisiva para seu trabalho posterior.

No inverno de 1924-1925 Heisenberg esteve em Copenhagen, trabalhando com Bohr e Kramers. Durante esse período ele escreveu com Kramers um artigo a respeito da refração da radiação (Kramers & Heisenberg, 1925), utilizando um método baseado no trabalho de Max Born de 1924: utilizaram os osciladores virtuais (que Kramers já utilizava), séries de Fourier e a substituição de diferenciais por diferenças finitas (Waerden, 1967, p. 16).

Pascual Jordan começou a trabalhar com Max Born no primeiro semestre de 1925. Eles estudaram a teoria do corpo negro de Planck, procurando reformulá-la por causa de alguns aspectos clássicos que ela ainda continha. Planck havia utilizado a física clássica para descrever a interação entre matéria e luz (absorção e emissão). Born e Jordan refizeram os cálculos, utilizando a teoria quântica para esses processos de absorção e emissão (Waerden, 1967, p. 21). O trabalho foi completado em 11 de junho de 1925.

No desenvolvimento desse trabalho surgiu outro ponto que, depois, foi incorporado à mecânica quântica:

> Ficamos impressionados pelo fato de que as 'quantidades de transição' que apareciam em nossas fórmulas sempre correspondiam a quadrados da amplitude de vibrações na teoria clássica. Assim, parecia muito plausível que pudesse ser formulada a noção de 'amplitudes de transição'. Discutimos essa ideia em nossos encontros diários, nos quais Heisenberg frequentemente participava, e eu sugeri que essas amplitudes poderiam ser quantidades centrais, e que poderiam ser manipuladas por algum tipo de multiplicação simbólica. Jordan confirmou que eu lhe falei sobre essa possibilidade. (Born, *apud* Waerden, 1967, p. 20)

## 6. O ARTIGO DE HEISENBERG DE 1925

Costuma-se considerar que o artigo elaborado por Werner Heisenberg em meados de 1925 representou o ponto de transição da antiga teoria quântica para a mecânica quântica propriamente dita (Waerden, 1967, p. 19). No entanto, não se pode dizer que esse artigo já continha a mecânica matricial. Nesse trabalho, Heisenberg introduziu apenas um ponto de partida para a criação da mecânica quântica – e, devemos alertar, esse trabalho nada tinha a ver com o princípio de Heisenberg, que surgiu apenas dois anos depois.

Aparentemente, Heisenberg estava ao mesmo tempo procurando resolver questões específicas da teoria atômica – como a teoria da dispersão – e preocupando-se que os próprio fundamentos daquilo que fazia. À medida que os trabalhos de física quântica se tornavam mais abstratos (como já foi mostrado) e que a física clássica deixava de ser um bom guia para o desenvolvimento das pesquisas, Heisenberg começou a procurar por um método que pudesse levar diretamente a resultados quânticos, sem passar pelas tentativas que partiam da física clássica e iam fazendo adaptações (Jammer, 1966, pp. 199-200).

Ao tentar desenvolver esse tipo de método, Heisenberg foi guiado, entre outras coisas, por alguns princípios epistemológicos. Em primeiro lugar, por influência de Bohr (Jammer, 1966, pp. 197-198), ele já havia aceitado a ideia de que a física quântica não precisava seguir ou se apoiar sobre a física clássica e que poderia necessitar introduzir conceitos que nada tivessem de familiar. Ou seja: não havia nada de sagrado na física antiga, e talvez fosse possível introduzir mudanças tão grandes quanto as da teoria da relatividade (ou maiores). Outro princípio básico foi que a física deveria se basear em grandezas observáveis e mensuráveis, e que tratar de grandezas não mensuráveis podia trazer grandes problemas. Essa ideia, de orientação empirista, tinha sido enfatizada por Einstein, em seus primeiros trabalhos sobre relatividade especial, e foi adotada por Heisenberg (Jammer, 1966, pp. 198-199).

No estudo da teoria da dispersão, Kramers e Heisenberg já haviam abandonado a descrição semi-clássica do movimento dos elétrons no átomo, trabalhando apenas com ideias mais abstratas e com as frequências dos osciladores virtuais associados aos átomos. Heisenberg começou a procurar algum tipo de procedimento que permitisse calcular as propriedades da radiação emitida pelos átomos sem fazer nenhuma hipótese sobre a estrutura desses átomos.

No início do seu artigo de 1925 Heisenberg apresenta uma lista de fracassos da antiga teoria quântica e comenta a necessidade de uma abordagem diferente para resolver esses problemas (Heisenberg, 1925, p. 261)[3]. Os fracassos principais seriam: a antiga teoria quântica não consegue proporcionar resultados adequados quanto os átomos estão submetidos a campos elétricos e magnéticos cruzados; não consegue descrever átomos com vários elétrons; e não descreve adequadamente átomos submetidos a campos periódicos. O modelo atômico da antiga teoria quântica introduzia a descrição de órbitas para os elétrons. Heisenberg comentou que essa abordagem

> [...] pode ser seriamente criticada porque contém, como elemento básico, relações entre quantidades que parecem ser inobserváveis em princípio, como a posição e o período de rotação de um elétron. Assim, falta um fundamento físico evidente a essas regras, a menos que ainda se mantenha a esperança de que as quantidades até agora não observáveis possam futuramente ser incluídas no campo da determinação experimental. (Heisenberg, 1925, p. 261)

No entanto, Heisenberg supôs que essa esperança não devia ser mantida, pois as próprias regras fundamentais de Bohr – segundo as quais a frequência da radiação emitida por um átomo não tem relação com a frequência de revolução do elétron – mostravam uma quebra completa em relação à física clássica. Por isso, em vez de tentar desenvolver a teoria quântica segundo a abordagem antiga, Heisenberg afirmou:

> Nesta situação, parece razoável abandonar toda esperança de observar as quantidades que até hoje são inobserváveis,

[3] Utilizamos a tradução contida em Waerden, 1967.

> como a posição e o período do elétron, e aceitar que a concordância parcial das regras quânticas com a experiência é mais ou menos casual. Em vez disso, parece mais razoável tentar estabelecer uma mecânica quântica teórica análoga à mecânica clássica, mas na qual apenas ocorrem relações entre quantidades observáveis. (Heisenberg, 1925, p. 262)

No seu trabalho, Heisenberg assumiu explicitamente que a mecânica clássica não era válida no domínio atômico. Essa era a opinião aceita pelos grupos de Bohr e de Born, na época. No entanto, as fórmulas quânticas deveriam convergir para equações válidas na física clássica, para grandes números quânticos, de acordo com o princípio de correspondência de Niels Bohr, que estava guiando grande parte das pesquisas quânticas desde 1918. Todas as fórmulas do artigo de Heisenberg possuem um equivalente clássico, nesse sentido (Waerden, 1967, p. 28). Para satisfazer o princípio de correspondência, Heisenberg adotou nesse artigo a estratégia que Born já havia empregado antes: substituir diferenciais por diferenças finitas.

Uma ideia nova que aparece nesse artigo é a de que é necessário desenvolver uma nova *cinemática* quântica. Basicamente, a própria descrição dos movimentos utilizada em modelos como o do átomo de Bohr devia ser abandonada, substituída por outro tipo de descrição. Na física clássica, a equação do movimento relaciona a posição $x(t)$ às suas derivadas. Heisenberg supôs que o próprio significado da quantidade $x$ deveria ser alterado e que ele não deveria mais representar a posição de uma partícula no espaço (Waerden, 1967, p. 29).

Podemos considerar que, em parte, esse passo era justificável utilizando-se um ponto de vista epistemológico empirista (como o utilizado por Einstein na relatividade especial, em 1905) negando a validade de introduzir na física grandezas inobserváveis, como a posição de um elétron no átomo. De fato, a posição de Heisenberg nessa época era que devia ser desenvolvida uma mecânica quântica teórica baseada completamente em relações entre quantidades observáveis (Waerden, 1967, p. 33). Ele considerava a posição de um elétron como inobservável. Note-se que isso está em conflito com o princípio de indeterminação de Heisenberg, desenvolvido dois anos depois, que estabelece que é possível determinar tão exatamente quanto se queira a posição de uma partícula, desde que não se tente determinar ao mesmo tempo seu momentum. Foi essa postura que o levou a procurar uma nova interpretação de $x(t)$. No entanto, esse ponto de vista poderia levar Heisenberg simplesmente a rejeitar o uso da grandeza $x$, em vez de tentar atribuir-lhe um significado diferente. "Se, em vez de uma quantidade clássica $x(t)$ tivermos uma quantidade quantum-teórica, qual quantidade quantum-teórica aparecerá no lugar de $x(t)$?" (Heisenberg, 1925, p. 263).

> [...] é necessário ter em mente que na teoria quântica não foi possível associar o elétron com um ponto no espaço, considerado como uma função do tempo, por meio de quantidades observáveis. No entanto, mesmo na teoria quântica, é possível atribuir ao elétron a emissão de radiação. Para caracterizar essa radiação, necessitamos primeiramente das frequências que aparecem como função de duas variáveis. (Heisenberg, 1925, p. 263)

Heisenberg se perguntou qual quantidade quântica poderia substituir no lugar de $x(t)$, pensando implicitamente em fenômenos periódicos, pois estava preocupado com questões de radiação emitida ou absorvida por átomos. No caso da física clássica, a função $x(t)$ que descreve uma função periódica com frequência angular $\omega$ pode ser desenvolvido em uma série de Fourier:

$$x(t) = \sum_{-\infty}^{\infty} a_\alpha \mathrm{e}^{\mathrm{i}\alpha\omega t}$$

Na teoria quântica, as frequências dependem de um número quântico $n$, por isso Heisenberg escreveu inicialmente:

$$x(t) = \sum_{-\infty}^{\infty} a_\alpha (n) \, e^{i\alpha\omega n t}$$

No entanto, as grandezas quânticas observáveis não são os estados estacionários dos sistemas atômicos e sim a radiação emitida ou absorvida, que depende de dois estados estacionários (e, portanto, de dois números quânticos). Assim, em vez dos termos usuais da série de Fourier, Heisenberg introduziu outros termos:

$$a(n,n-\alpha) \, e^{i\alpha\omega(n,n-\alpha)t}$$

Este termo corresponderia à transição do estado estacionário descrito pelo número quântico $n$ para o estado correspondente ao número quântico $n-\alpha$, com emissão de radiação de frequência $\nu=\omega/2\pi$.

Essas "quantidades de transição" $a(n,n\pm\alpha)$ são um componente importante do trabalho de Heisenberg. Como vimos, Born já havia considerado que seria importante introduzir "amplitudes de transição" na nova mecânica quântica. Ambos pesquisadores estavam preocupados com a possibilidade de calcular as intensidades de linhas espectrais, que deveriam ser proporcionais ao quadrado da amplitude de transição (Waerden, 1967, pp. 29-30). Van der Waerden aponta, em sua análise do trabalho de Heisenberg, que ele utilizou ideias e simbolismo que já apareciam no seu artigo com Kramers sobre osciladores virtuais: vetores complexos, que determinariam a polarização e a fase da luz emitida, descritos pela expressão

$$A(n,n-\alpha) \, e^{i\alpha\omega(n,n-\alpha)t}$$

onde os $A(n,n-\alpha)$ seriam as amplitudes (vetoriais) dos momentos elétricos dos osciladores virtuais correspondentes à transição do estado $n$ para o estado $n-\alpha$ (Waerden, 1967, pp. 30-31).

No trabalho de Kramers e Heisenberg apareciam certos termos representados por $f(n+\alpha,n)$ que, como van der Waerden mostrou, correspondem (a menos de uma constante) à expressão

$|a(n,n{-}\alpha)|^2\, \nu(n,n{-}\alpha)$ do artigo de Heisenberg de 1925 (Waerden, 1967, p. 31). Os coeficientes $a(n,n{-}\alpha)$ também permitiriam calcular a probabilidade de emissão e absorção de radiação pelo átomo.

Voltemos, no entanto, ao artigo de Heisenberg. Ele introduziu como grandezas quânticas fundamentais (e, em princípio, observáveis) os vetores complexos

$$\mathsf{A}(n,n-\alpha)\ e^{i\alpha\omega(n,n-\alpha)t}$$

que podiam ser interpretados como amplitudes dos momentos elétricos dos osciladores virtuais, determinando intensidade, polarização e fase, sendo considerados vetores complexos e, portanto, tendo 6 componentes.

> Para completar a descrição da radiação é necessário não apenas ter as frequências, mas também as amplitudes. As amplitudes podem ser tratadas como vetores complexos, cada um determinado por seis componentes independentes, e determinam tanto a polarização quanto a fase. (Heisenberg, 1925, p. 263)

Como van der Waerden comentou, é possível medir a polarização e a intensidade da radiação, mas não sua fase; assim, na verdade, havia um aspecto não-observável na descrição de Heisenberg (Waerden, 1967, p. 33).

No decorrer de seu artigo, Heisenberg abandona a grandeza vetorial complexa acima descrita e passa a utilizar o escalar $a(n,n{-}\alpha)$ em vez de $\mathsf{A}(n,n{-}\alpha)$.

O ponto de partida de Heisenberg foi a expansão de Fourier (em forma complexa) de uma função periódica do tempo, que tem papel fundamental em qualquer teoria clássica de oscilações e ondas (Jammer, 1966, pp. 200-202),

$$\xi_n = \sum_p x_{(n,p)} . e^{i2\pi\nu(n,p)t}$$

onde os coeficientes $x_{(n,p)}$ são as amplitudes correspondentes a cada frequência $\nu_{(n,p)}$.

Heisenberg procurou inicialmente um equivalente quântico da série de Fourier, mas não conseguiu. Em vez de uma série (somatório), começou então a analisar o conjunto infinito de termos da série, mas sem somá-los, e tentou trabalhar com esse conjunto, considerando que a grandeza $\xi_n$ poderia corresponder, de alguma forma, ao conjunto de termos que representou como:

$$\xi_n \leftrightarrow X_{(n,n-p)} \exp(2\pi i \nu_{(n,n-p)} t)$$

> Se agora considerarmos uma dada quantidade $x(t)$ da teoria clássica, ela pode ser considerada como representada por um conjunto de quantidades da forma
>
> $$A_\alpha(n).e^{i\omega(n)\alpha t}$$
>
> (Heisenberg, 1925, p. 264)

No caso das quantidades quânticas, Heisenberg considerou que a introdução das somas ou integrais de Fourier não teria sentido, porque as grandezas dependem de *dois* números inteiros, e não de um único número (Heisenberg, 1925, p. 264). Por isso, a grandeza $x(t)$ seria representada, na física quântica, pelo *conjunto de quantidades*

$$A(n,n-\alpha).e^{i\omega(n,n-\alpha)t}$$

onde $n$ e $\alpha$ podem adquirir uma infinidade de valores.

Posteriormente, Born vai substituir $n-\alpha$ por $m$ e perceber que Heisenberg está introduzindo *matrizes* para representar as grandezas quânticas.

Antes de Heisenberg, como vimos, vários autores estavam analisando o átomo como um conjunto de osciladores virtuais. No entanto, ninguém havia considerado que *uma grandeza física* deverias ser substituída, na física quântica, por um conjunto infinito de quantidades.

Heisenberg analisou, em seguida, o que significaria elevar ao quadrado uma grandeza quântica, ou multiplicá-la por outra.

Nas equações da física clássica, é comum o surgimento do produto de duas grandezas (ou o quadrado de uma grandeza). Qual seria o correspondente quântico?

Se multiplicarmos $A(n,n-\alpha).e^{i\omega(n,n-\alpha)t}$ por $A(n-\alpha,n-\beta).e^{i\omega(n-\alpha,n-\beta)t}$ obteremos

$$\{A(n,n-\alpha).e^{i\omega(n,n-\alpha)t}\}.\{A(n-\alpha,n-\beta).e^{i\omega(n-\alpha,n-\beta)t}\} =$$

$$= [A(n,n-\alpha).A(n-\alpha,n-\beta)].[e^{i\omega(n,n-\alpha)t}.e^{i\omega(n-\alpha,n-\beta)t}] =$$

$$= A(n,n-\alpha).A(n-\alpha,n-\beta).e^{it[\omega(n,n-\alpha)+\omega(n-\alpha,n-\beta)]}$$

Esse expoente pode ser substituído por $i\omega(n,n\text{-}\beta)t$, por causa da regra das frequências de Bohr. Portanto, o produto seria dado por:

$$\{A(n,n-\alpha).e^{i\omega(n,n-\alpha)t}\}.\{A(n-\alpha,n-\beta).e^{i\omega(n-\alpha,n-\beta)t}\} =$$

$$= A(n,n-\alpha).A(n-\alpha,n-\beta).e^{i[\omega(n,n-\beta)t]}$$

É razoável considerar que o produto $A(n,n-\alpha).A(n-\alpha,n-\beta)$ pode ser considerado como uma nova amplitude que, para ser coerente com o expoente, seria $A(n,n-\alpha).A(n-\alpha,n-\beta)= B(n,n-\beta)$. Porém, no produto acima, a relação é válida *qualquer que seja o valor de* $\alpha$. Para considerar *todos os valores de* $\alpha$, deve-se então fazer um somatório sobre esse número, e teremos então:

$$B(n,n-\beta).e^{i[\omega(n,n-\beta)t]} =$$

$$= \sum_{\alpha=-\infty}^{\infty} A(n,n-\alpha).A(n-\alpha,n-\beta).e^{i\omega(n,n-\beta)t}$$

Como a expressão da esquerda é obtida a partir do produto de duas expressões semelhantes, Heisenberg considerou que, no lado direito, $B(n,n-\beta).e^{i[\omega(n,n-\beta)t]}$ poderia ser considerado como sendo o quadrado de $A(n,n-\beta).e^{i[\omega(n,n-\beta)t]}$ (Heisenberg, 1925, p. 265). Note-se que a parte exponencial é igual dos dois lados e não depende de $\alpha$. A parte importante da fórmula acima é aquela que se refere às amplitudes.

A regra de multiplicação de Heisenberg parece ter se originado da análise daquilo que ocorre numa sequência de transições atômicas (Waerden, 1967, p. 32-34). Se um átomo passa do estado caracterizado pelo número quântico $n$ para outro estado de $n-\alpha$ e, depois, deste estado para um outro estado $n-\beta$, as frequências angulares $\omega$ das radiações emitidas são $\omega(n,n-\alpha)$ e $\omega(n-\alpha,n-\beta)$, proporcionais às diferenças de energia entre os estados estacionários. Se o átomo passar diretamente de $n$ para $n-\beta$, a frequência resultante $\omega(n,n-\beta)$ será a soma das duas anteriores:

$$(h/2\pi)\omega(n,n-\alpha) = E_n - E_{n-\alpha}$$

$$(h/2\pi)\omega(n-\alpha,n-\beta) = E_{n-\alpha} - E_{n-\beta}$$

$$\therefore\ (h/2\pi)\omega(n,n-\beta) = E_n - E_{n-\beta} =$$

$$= (E_n - E_{n-\alpha}) + (E_{n-\alpha} - E_{n-\beta}) =$$

$$= (h/2\pi)[\omega(n,n-\alpha)+\omega(n-\alpha,n-\beta)]$$

Qual a regra que se aplicaria às grandezas $a(n,n-\alpha).e^{i\alpha\omega(n,n-\alpha)t}$ com as quais Heisenberg quer representar os fenômenos? Evidentemente, não é possível *somar* duas expressões desse tipo para obter uma terceira, de acordo com a regra de frequência acima, porque

$$a(n,n-\alpha).e^{i\alpha\omega(n,n-\alpha)t} + a(n-\alpha,n-\beta).e^{i\alpha\omega(n-\alpha,n-\beta)t} \neq$$

$$\neq a(n,n-\beta).e^{i\alpha\omega(n,n-\beta)t}$$

No entanto, pode-se satisfazer a regra de adição das frequências *multiplicando* duas grandezas desse tipo, pois nesse caso os expoentes (onde aparecem as frequências) se somam:

$$\{a(n,n-\alpha).e^{i\alpha\omega(n,n-\alpha)t}\}.\{a(n-\alpha,n-\beta).e^{i\alpha\omega(n-\alpha,n-\beta)t}\} =$$

$$= a(n,n-\alpha).a(n-\alpha,n-\beta).e^{i\alpha\omega(n,n-\beta)t}$$

Portanto, era natural interpretar $a(n,n-\alpha).a(n-\alpha,n-\beta)$ como sendo igual a $a(n,n-\beta)$. Essa parece ter sido a origem da regra de multiplicação de Heisenberg, embora esse raciocínio não apareça claramente no artigo (Waerden, 1967, p. 34).

Partindo dessa representação do quadrado de uma grandeza quântica, Heisenberg representou o produto de duas grandezas quânticas diferentes, mas indicou apenas as amplitudes – já que a parte exponencial é sempre do mesmo tipo (Heisenberg, 1925, p. 266):

$$E(n,n-\beta) = \sum_{\alpha=-\infty}^{\infty} A(n,n-\alpha).B(n-\alpha,n-\beta)$$

Heisenberg comentou então que o produto assim definido não é comutativo: "Enquanto na teoria clássica $x(t)y(t)$ é sempre igual a $y(t)x(t)$, isso não é necessário na teoria quântica" (Heisenberg, 1925, p. 266). Essa parte do artigo de Heisenberg, em que ele introduz as grandezas quânticas e a regra do produto, foi chamada por ele de "cinemática da teoria quântica".

Em outra parte de seu trabalho, Heisenberg analisou a "dinâmica" da teoria quântica. A condição de quantização de Bohr-Sommerfeld era expressa da seguinte forma, na antiga teoria quântica:

$$J = \oint p.dq = \int_0^T mv^2 dt = nh$$

Na antiga teoria quântica, essa regra de quantização era aplicada a partir de um modelo semi-clássico do fenômeno estudado (por exemplo, movimento dos elétrons em torno do núcleo atômico). Heisenberg queria, no entanto, obter regras que permitissem aplicar a condição de quantização diretamente às grandezas mensuráveis, ou seja, as amplitudes (ou intensidades) de radiação de cada frequência, sem introduzir um modelo microscópico envolvendo grandezas inobserváveis. Através de uma série de substituições, ele acabou por obter a fórmula (Jammer, 1966, pp. 202-203):

$$\mathrm{h}=8\pi^2\mathrm{m}\sum_{p=0}^{\infty}\left\{\left|x_{n+\mathrm{p,n}}\right|^2 \nu_{n+\mathrm{p,n}} - \left|x_{\mathrm{n,n}-p}\right|^2 \nu_{\mathrm{n,n}-p}\right\}$$

Essa equação envolve apenas as frequências e suas amplitudes, associando-os à constante de Planck *h*. Satisfaz, assim, o princípio que Heisenberg estava tentando satisfazer, de apenas utilizar grandezas observáveis e mensuráveis na teoria. Note-se que o "x" nessas equações não representa coordenadas; e que não há nenhuma introdução de constantes espaciais, velocidade, nem propriedades do elétron (massa, carga).

Por fim, Heisenberg aplicou os resultados acima indicados à análise do oscilador não-harmônico, com uma força contendo termos de primeira e segunda ordem em *x*:

$$\ddot{x} + \varpi_o^2 x + \lambda \mathrm{x}^2 = 0$$

Deduziu que a energia desse oscilador deveria obedecer à seguinte relação, válida como aproximação de segunda ordem em λ:

$$\mathrm{W} = \frac{\mathrm{h}\varpi_0}{2\pi}\left(\mathrm{n} + \frac{1}{2}\right) = \mathrm{h}\nu\left(\mathrm{n} + \frac{1}{2}\right)$$

Como o valor de λ não aparece na equação, ela deve ser válida também para o caso limite λ=0. No entanto, esse é o caso do oscilador harmônico simples, para o qual se utilizava a expressão $W=nh\nu$, em vez da indicada acima. O surgimento de um fator 1/2 já havia ocorrido, na verdade, em uma versão da teoria de Planck do corpo negro; mas não era aceita, de um modo geral.

Analisando um sistema em rotação, Heisenberg também obteve um fator 1/2 na expressão de sua energia (Jammer, 1966, p. 203). Sua equação estava de acordo com os resultados experimentais obtidos três anos antes por A. Kratzer, na análise do espectro de rotação de moléculas.

Pode-se dizer que esse foi o único resultado obtido por Heisenberg em seu trabalho que era novo e que tinha alguma aplicação direta à experiência. Os outros resultados que ele obteve ou já eram conhecidos ou eram apenas expressões matemáticas sem uso imediato.

Vemos que esse primeiro trabalho de Heisenberg estava longe de constituir uma base sólida para a teoria quântica. O autor concluiu seu artigo com um comentário que parece indicar quão inseguro ele estava:

> Apenas depois que os procedimentos que aqui foram aplicados de forma bastante superficial tiverem sido submetidos a uma investigação matemática penetrante, ficará claro se um método de determinar os dados teóricos quânticos em termos de relações entre grandezas observáveis – como proposto aqui – já pode ser considerado como satisfatório em princípio, ou se ele é ainda uma abordagem grosseira demais para o problema obviamente muito complicado de uma mecânica quântica teórica. (Heisenberg, 1925, p. 276)

## 7. O ARTIGO DE BORN E JORDAN

Apesar de sua interação com Max Born, Heisenberg desenvolveu o seu primeiro trabalho sobre mecânica quântica sozinho. Ele parece ter iniciado esse trabalho em maio de 1925. Em uma carta de Heisenberg para Kronig, datada de 5 de junho de 1925, ele analisa o oscilador não-harmônico[4] e introduz a multiplicação de grandezas quânticas (Waerden, 1967, p. 24).

---

[4] Heisenberg já havia começado a estudar em 1922 o oscilador não-harmônico, com uma força contendo tanto termos de primeira quanto de segunda ordem. Há uma carta de Heisenberg a Pauli, de setembro de 1922, em que ele estuda esse oscilador (Waerden, 1967, p. 23).

Durante o mês de junho, teve um forte ataque de febre do feno e se refugiou durante cerca de 10 dias na ilha de Helgoland, onde não há grama. Lá surgiram algumas das ideias fundamentais de seu artigo. Retornando depois a Göttingen, comunicou-se com Pauli, trocando ideias a respeito do seu trabalho. Há uma carta datada de 21 de junho na qual ele descreve que o trabalho em que tentava "fabricar uma mecânica quântica" estava se desenvolvendo lentamente. Ele se refere a alguns resultados que havia obtido, como a energia do oscilador que deveria ser $(n+½)h\nu$ e não $nh\nu$, como se aceitava na época (Waerden, 1967, p. 25).

Outras cartas a Pauli, de 24 de junho, 29 de junho e 9 de julho, mostram o desenvolvimento de sua pesquisa (Waerden, 1967, pp. 25-27). Essa correspondência, e a falta de discussão com Max Born sobre o assunto, mostram que Heisenberg se sentia mais à vontade para discutir suas novas ideias com o antigo colega do que com seu professor.

O texto final do artigo de Heisenberg ficou pronto no dia 9 de julho de 1925, quando ele enviou o trabalho para Pauli e pedindo-lhe que dissesse sua opinião. Como os comentários foram positivos, Heisenberg fez uma versão final do artigo e o entregou a Max Born alguns dias depois, pedindo-lhe que decidisse se valia a pena publicá-lo, pois temia que fosse ainda incipiente mas não estava conseguindo avançar, pedindo também a Born que tentasse desenvolvê-lo mais (Waerden, 1967, p. 36). Sem esperar a opinião do professor, Heisenberg viajou para a Inglaterra, atendendo a um convite para apresentar um seminário em Cambridge a respeito de trabalhos anteriores (Jammer, 1966, pp. 203-204).

Depois de estudar o trabalho de Heisenberg, Born percebeu após alguns dias que a regra de multiplicação introduzida no artigo era equivalente à operação de multiplicação de duas matrizes, que ele próprio havia aprendido enquanto era estudante. De fato, o produto $z_{ef}$ de duas matrizes $x_{ab}$ e $y_{cd}$ (suponhamos que ambas sejam quadradas e de mesma ordem, para simplificar) é dado por:

$$z_{ef} = \sum_k x_{ek} y_{kf}$$

Na época, o estudo de matrizes não era parte da formação matemática dos físicos, pois até essa época tal ramo da matemática praticamente não tinha aplicações científicas. Heisenberg não conhecia o cálculo matricial. Born, que conhecia esse formalismo e já o havia aplicado em um trabalho sobre teoria de cristais (Jammer, 1966, p. 207), dispunha da ferramenta matemática necessária para desenvolver de forma adequada o trabalho de Heisenberg.

Max Born descreveu sua primeira reação ao trabalho de Heisenberg:

> Lembro-me que não li esse manuscrito imediatamente porque eu estava cansado após o período escolar [...] Mas quando, alguns dias depois, eu o li, fiquei fascinado. Heisenberg havia tomado a ideia das amplitudes de transição e desenvolvido um cálculo para elas, seguindo a correspondência com os coeficientes da expansão clássica de uma quantidade vibratória em suas componentes harmônicas (série de Fourier). Se multiplicarmos duas expansões desse tipo, obteremos a nova expansão para o produto [...] Heisenberg sugeriu esquecer as séries em si e considerar o conjunto de coeficientes que representam as quantidades físicas em questão; então obtém-se uma regra de multiplicação para esses conjuntos de coeficientes. (Born, *apud* Waerden, 1967, p. 36)

Depois de ler o trabalho de Heisenberg e se convencer de que era uma contribuição valiosa, Born o enviou para publicação na revista *Zeitschrift für Physik* e continuou a pensar sobre seu conteúdo. Depois de alguns dias, percebeu o que estava por trás da regra de multiplicação de Heisenberg:

> Uma manhã [...] eu repentinamente vi a luz: a multiplicação simbólica de Heisenberg nada mais era do que o cálculo matricial, que eu conhecia bem desde meus dias de estudante, pelas aulas de Rosanes em Breslau. Encontrei isso

> simplificando um pouco a notação: em vez de $q(n,n+\tau)$ eu escrevi $q(n,m)$ e, reescrevendo a equação de Heisenberg para as condições de quantização de Bohr, reconheci imediatamente seu significado formal. Significava que os dois produtos matriciais $\boldsymbol{pq}$ e $\boldsymbol{qp}$ não são idênticos. (Born, *apud* Waerden, 1967, p. 37)

Apesar de conhecer o cálculo matricial, Born encontrou dificuldades em desenvolver o trabalho de Heisenberg. Entre outras coisas, não conseguia demonstrar que os termos não-diagonais da relação matricial $\boldsymbol{pq}-\boldsymbol{qp}$ eram nulos. Pediu inicialmente a colaboração de Pauli, que não quis se envolver nesse estudo. Depois convidou Jordan para auxiliá-lo e este aceitou, resolvendo rapidamente as dificuldades encontradas (Waerden, 1967, pp. 37-38).

Um dos poucos livros-texto da época que apresentava o cálculo matricial foi publicado em 1924: *Methoden der mathematischen Physik* ("Métodos da física matemática"), de Richard Courant e David Hilbert. Um dos assistentes de Courant na preparação desse livro foi Pascual Jordan (Jammer, 1966, p. 207), e foi Jordan quem auxiliou Max Born no desenvolvimento da teoria esboçada por Heisenberg.[5]

Born enviou o artigo de Heisenberg para publicação no final de julho de 1925 e começou a trabalhar com Pascual Jordan para aperfeiçoar as ideias incipientes daquele trabalho. Dois meses depois, no final de setembro de 1925, Born e Jordan enviaram para publicação um trabalho intitulado "Sobre a mecânica quântica" em que aperfeiçoavam as ideias lá esboçadas, apresentando aquilo que Max Jammer considera "a primeira formulação rigorosa da mecânica matricial" (Jammer, 1966, p. 209). Nesse trabalho (Born & Jordan, 1925) eles apresentam

---

[5] Segundo Max Jammer, "Publicado no final de 1924, ele [o livro de Courant e Hilbert] continha exatamente as partes da álgebra e análise sobre as quais o desenvolvimento posterior da mecânica quântica tinha que se basear; seus méritos para o rápido crescimento posterior da nossa teoria não pode ser exagerado" (Jammer, 1966, p. 207).

inicialmente o ferramental matemático básico do cálculo das matrizes – de forma análoga ao que Einstein fez, apresentando os princípios básicos do cálculo tensorial, em seu trabalho sobre relatividade geral de 1916. Depois, passam a construir uma mecânica em que as grandezas (como coordenada e momento) são representadas por matrizes. Note-se que esse é um passo novo, que não havia sido introduzido por Heisenberg, já que este não havia utilizado tais grandezas em seu artigo. A posição *q* é representada pela matriz

$$\mathbf{q} = [q_{mn} \exp(2\pi i \nu_{mn} t)]$$

a velocidade $\dot{q}$ pela matriz

$$\dot{q} = [2\pi i \nu_{mn} q_{mn} \exp(2\pi i \nu_{mn} t)]$$

e o momento *p* pela matriz

$$p = [p_{mn} \exp(2\pi i \nu_{mn} t)]$$

A partir das matrizes de momento e posição, Born e Jordan escreveram a representação matricial do Hamiltoniano *H*(*p,q*) e mostraram a validade de equações equivalentes às equações canônicas da mecânica clássica:

$$\dot{q} = \partial H/\partial p; \quad \dot{p} = -\partial H/\partial q$$

Eles também construíram o equivalente matricial do princípio de ação mínima, utilizando como Lagrangeano (matricial) a expressão análoga à da física clássica:

$$L = p\dot{q} - H(p,q)$$

Nesse trabalho, Born e Jordan estabeleceram pela primeira vez aquilo que posteriormente foi chamado de “relação de comutação” da mecânica quântica, sob forma matricial (Jammer, 1966, p. 210):

$$pq - qp = (h/2\pi i)\mathbf{1}$$

onde **1** representa a matriz unitária.

Born e Jordan estudaram também, nesse artigo, o oscilador harmônico, o oscilador não-harmônico e a quantização do campo eletromagnético. Essas aplicações são desenvolvidas de um modo muito mais natural do que no artigo de Heisenberg.

Os pontos principais do artigo de Born e Jordan são (Waerden, 1967, p. 38): a interpretação da multiplicação simbólica de Heisenberg como um produto matricial; a obtenção da fórmula matricial para ***pq–qp***; a prova de que a derivada de ***pq–qp*** era nula e, a partir daí, a demonstração da conservação da energia; a demonstração da condição de frequências de Bohr; a justificação da suposição de Heisenberg de que os quadrados dos módulos dos elementos na matriz determinavam as probabilidades de transição; e uma proposta de quantização do campo eletromagnético.

Pode-se dizer que foi este artigo de Born e Jordan – e não o de Heisenberg – que lançou os fundamentos da *mecânica matricial*, pois ao escrever o seu artigo Heisenberg nem sequer estava pensando em matrizes.

## 8. O ARTIGO DE DIRAC

Independentemente dos trabalhos de Born e Jordan, Paul Adrien Maurice Dirac, na Inglaterra, conseguiu também desenvolver um novo formalismo algébrico para representar a teoria quântica, tomando como ponto de partida o trabalho de Heisenberg de 1925 (Jammer, 1966, pp. 228-229; Waerden, 1967, pp. 40-42).

Dirac, na época, era um estudante de doutoramento em Cambridge, orientado por Ralph H. Fowler. Heisenberg esteve em Cambridge logo depois de concluir seu artigo, mas Dirac não tomou conhecimento das ideias do trabalho através do próprio Heisenberg, e sim depois que ele já tinha retornado à Alemanha, através de um *preprint* do artigo que Heisenberg enviou a Fowler (Waerden, 1967, p. 41). Segundo o próprio Dirac, inicialmente ele não deu muito valor ao artigo, mas depois percebeu que continha algumas ideias-chave para o desenvolvimento da teoria quântica. Passou então a reformular suas ideias, utilizando outro formalismo, baseado na mecânica hamiltoniana clássica, a partir dos colchetes de Poisson.

Dirac possuía um bom conhecimento da antiga teoria quântica e também da física clássica, tendo estudado mecânica principalmente pelo livro de Whittaker, *Analytical dynamics* (Jammer, 1966, p. 229). Em setembro de 1925 Dirac leu um *preprint* do artigo de Heisenberg. Inicialmente não lhe deu muito valor, mas depois de duas semanas considerou que o trabalho continha a chave para o problema da teoria quântica. A forma do trabalho de Heisenberg, no entanto, lhe pareceu insatisfatória (especialmente a propriedade não-comutativa do produto das grandezas quânticas). Dirac acreditava que a nova mecânica deveria se basear no formalismo da mecânica de Hamilton-Jacobi, através de algum tipo de generalização, utilizando o princípio de correspondência de Bohr.

Em poucas semanas, Dirac conseguiu desenvolver sua versão da mecânica quântica, sem ter conhecimento dos trabalhos de Max Born e Pascual Jordan. Seu artigo foi completado no dia 7 de novembro de 1925 e publicado nos *Proceedings of the Royal Society* no mês seguinte (Dirac, 1925).

No seu trabalho, Dirac se baseia na representação de Heisenberg das quantidades quânticas fundamentais como sendo as amplitudes $x_{mn}$ e as frequências de radiação emitida numa transição entre dois estados estacionários, $\nu_{mn}$ (Jammer, 1966, p. 230). Dirac parece não ter reconhecido que a multiplicação simbólica utilizada por Heisenberg correspondia ao cálculo matricial. Ele simplesmente representa a regra da "multiplicação de Heisenberg" sob a forma:

$$(xy)_{nm} = \sum_k x_{nk} y_{km}$$

Dirac procurou a forma da operação diferencial *d/dv* mais geral que obedecesse às propriedades:

$$\frac{d}{dv}(x+y)=\frac{d}{dv}x+\frac{d}{dv}y$$

$$\frac{d}{dv}(xy)=\left(\frac{d}{dv}x\right)y+x\left(\frac{d}{dv}y\right)$$

A primeira condição é de que a operação de diferenciação seja linear. Note-se que, na segunda expressão, Dirac não escreveu

$$\frac{d}{dv}(xy)=\left(\frac{d}{dv}x\right)y+\left(\frac{d}{dv}y\right)x$$

ou

$$\frac{d}{dv}(xy)=y\left(\frac{d}{dv}x\right)+x\left(\frac{d}{dv}y\right)$$

porque assumiu que, em geral, o produto não será comutativo. Ele deduziu que o operador deve satisfazer a condição:

$$\left(\frac{d}{dv}x\right)_{nm}=\sum_k\left\{x_{nk}a_{km}-a_{nk}x_{km}\right\}$$

ou, utilizando a "multiplicação de Heisenberg":

$$\frac{dx}{dv}=xa-ax$$

Dirac procurou estabelecer uma conexão entre esse tipo de expressão e a física clássica. Ele conseguiu mostrar (Jammer, 1966, pp. 231-232) que uma expressão quântica do tipo *xy–yx* podia ser associada aos colchetes de Poisson [*x,y*] da física clássica:

$$[x,y]=\frac{\partial x}{\partial \omega}\frac{\partial y}{\partial J}-\frac{\partial y}{\partial \omega}\frac{\partial x}{\partial J}$$

onde $J$ é a ação e $\omega$ é uma variável angular, sendo $x$ e $y$ representados em função de $J$ e de $\omega$.

Utilizando os colchetes de Poisson, Dirac mostrou que $xy-yx$ podia ser representado por $(ih/2\pi)[x,y]$. Na física clássica, o valor do colchete de Poisson para duas variáveis dinâmicas canonicamente associadas $p$ e $q$ é igual a $[p,q]=1$, por isso Dirac pôde concluir que

$$pq - qp = h/2\pi i$$

que é a regra de comutação de Born-Jordan.

Assim, de uma forma original, Dirac mostrou que o formalismo da física clássica permitia introduzir as relações quânticas básicas, e por isso era possível aproveitar toda a mecânica analítica como ferramental para o desenvolvimento da mecânica quântica. Note-se também que Dirac, ao contrário de Heisenberg, passou a utilizar variáveis dinâmicas

Utilizando sua abordagem, Dirac provou que, para qualquer função $f(p,q)$ das variáveis quântica $p$, $q$, a equação básica de movimento podia ser representada por:

$$df/dt = (2\pi/hi)\,(fH - Hf)$$

onde $H(q,p)$ é o hamiltoniano do sistema.

Dirac, no seu artigo, generalizou todas as relações para sistemas com $n$ graus de liberdade (Jammer, 1966, p. 232). Se os índices $r,s$ variam de 1 até $n$, as seguintes relações são válidas:

$$q_r q_s - q_s q_r = 0$$

$$p_r p_s - p_s p_r = 0$$

$$p_r q_s - q_s p_r = \delta_{rs}\,(h/2\pi i)$$

Entre outros resultados, Dirac deduziu a relação de Bohr entre frequência da radiação e diferença de energia do sistema:

$$h\nu_{nm} = H_{nn} - H_{mm}$$

Pode-se dizer que Dirac aplicou o princípio de correspondência de Bohr para estabelecer uma relação fundamental entre a mecânica analítica clássica e a nova mecânica quântica. Tendo estabelecido essa relação, tornava-se possível aplicar o ferramental da mecânica clássica (como os colchetes de Poisson) aos problemas quânticos.

Note-se que a abordagem de Dirac é bem diferente da abordagem de Heisenberg, Born e Jordan, pois ele manteve o uso de grandezas dinâmicas inobserváveis (como *q* e *p*), atribuindo-lhes um significado físico importante na mecânica quântica.

Dirac desenvolveu depois o seu formalismo, bem como suas aplicações. Em 1926 ele publicou um outro trabalho no qual apresentou a mecânica quântica sob a forma de uma álgebra dos "números *q*", baseada em certos postulados (Dirac, 1926). Os "números *q*" são grandezas quânticas (e não números quânticos) que não obedecem à propriedade comutativa dos "números *c*" (as grandezas clássicas). Embora (em certos casos) os "números *q*"possam ser representados por matrizes (como mostrado por Born e Jordan), Dirac preferia tratá-los através de uma álgebra, sem analisar sua estrutura. Por causa dessa correspondência entre os "números *q*" e as matrizes, esse formalismo tinha uma limitação: era incapaz de ser aplicado a fenômenos não periódicos (ao contrário do que ocorreu depois, com o formalismo dos operadores de Born e Wiener).

Nesse trabalho de 1926, Dirac foi capaz de obter um resultado que Heisenberg, Born e Jordan não tinham conseguido ainda: a dedução do espectro do hidrogênio. Praticamente ao mesmo tempo, Wolfgang Pauli publicou um artigo no qual obteve também as frequências de emissão do átomo de hidrogênio utilizando o formalismo matricial (Jammer, 1966, pp. 234-235). Além disso, Pauli obteve resultados novos, que não haviam sido obtidos através da antiga teoria quântica: a análise das perturbações de energia do átomo de hidrogênio quando submetido simultaneamente a campos elétricos e magnéticos cruzados. Esse foi o primeiro resultado novo com significado empírico testável que resultou da mecânica matricial, mostrando pela primeira vez a real superioridade dessa teoria em relação à antiga teoria quântica.

Pode-se dizer que Dirac introduziu as grandezas quânticas de um modo mais abstrato e geral do que Born, Heisenberg e Jordan. Em vez de utilizar matrizes, ele utilizou uma álgebra geral não-comutativa, definindo os "números *q*" (quânticos), em oposição às grandezas clássicas ou "números *c*" (Waerden, 1967, p. 58). Dirac mostrou que, no caso de sistemas multiplamente periódicos (que possuem um espectro discreto de energias) os "números *q*" podem ser representados por matrizes; porém, nos outros casos (espectro contínuo de energias), os "números *q*" não podem ser reduzidos a matrizes.

John von Neumann mostrou, em 1932, que a mecânica quântica podia ser formalizada como um cálculo de operadores hermitianos no espaço de Hilbert e que as teorias de Heisenberg e Schrödinger eram representações particulares desse cálculo, podendo por isso ser consideradas como equivalentes (Jammer, 1974, p. 22).

Devemos apontar que o formalismo desenvolvido por Paul Adrien Maurice Dirac para a mecânica quântica é diferente do utilizado por von Neumann e incompatível com o mesmo (Jammer, 1974, pp. 7-8). Além disso, não está claro até que ponto os formalismos desenvolvidos depois por outros autores podem ser considerados como equivalentes a estes.

## 9. O "TRABALHO DOS TRÊS HOMENS" (BORN, HEISENBERG, JORDAN)

Logo depois de completar o artigo mencionado na seção anterior, Born viajou por algumas semanas, de férias, para a Suíça. Heisenberg ainda estava na Inglaterra. Após retornar, Born continuou a trabalhar com Jordan, correspondendo-se também com Heisenberg. Em meados de novembro completaram um artigo assinado pelos três pesquisadores (Born, Heisenberg & Jordan, 1926), chamado "Sobre a mecânica quântica II" – porque consideraram que era uma continuação do trabalho de Born e Jordan – e o enviaram para publicação. Esse artigo passou a ser referido frequentemente como "o trabalho dos três homens" (*Dreimännerarbeit*) pelos autores da época e também pelos historiadores da física.

O "trabalho dos três homens" foi escrito enquanto Born e Jordan estavam em Göttingen e Heisenberg estava em Copenhagen, em setembro e outubro de 1925. Van der Waerden apresentou uma análise detalhada das partes principais desse trabalho, procurando esclarecer quem foi o autor de cada seção e como as ideias foram surgindo durante a discussão entre os autores (Waerden, 1967, pp. 42-57). Aparentemente, as duas primeiras partes foram escritas por Heisenberg, a terceira por Born e a quarta por Heisenberg e Jordan; mas todas as partes foram discutidas conjuntamente.

Os três autores generalizam inicialmente a relação de comutação de modo que ela possa ser aplicada a qualquer função (matricial) $f$(p,q) do momento e da posição (por exemplo, o Hamiltoniano):

$$fq - qf = (h/2\pi i)\ \partial f/\partial p$$

$$pf - fp = (h/2\pi i)\ \partial f/\partial q$$

O artigo mostra que a forma matricial do Hamiltoniano é diagonal, que a derivada do Hamiltoniano é zero, e que os termos diagonais do Hamiltoniano constituem as energias dos estados estacionários de um sistema físico (Jammer, 1966, pp. 212-213). A partir daí eles deduzem a relação de Bohr para a frequência emitida por um átomo ao passar de um estado estacionário para outro:

$$\nu_{mn} = (W_n - W_m)/h$$

O método geral introduzido nesse artigo de resolver as equações canônicas do movimento para sistemas quantizados seria: (1) encontrar duas matrizes hermitianas $p^0$ e $q^0$, independentes do tempo (ou seja, sem o termo exponencial) e em termos das quais o hamiltoniano do sistema seja uma matriz diagonal; (2) acrescentar o termo exponencial dependente do tempo às matrizes de *p* e *q*.

Born, Heisenberg e Jordan desenvolvem em seguida, no seu artigo conjunto, os métodos matemáticos para encontrar essas matrizes, primeiramente trabalhando com matrizes hermitianas $p^0$ e $q^0$, independentes do tempo para as quais o hamiltoniano *não é diagonal*, e depois introduzindo transformações que diagonalizam o hamiltoniano, baseando-se em grande parte no livro de Courant e Hilbert já citado acima (Jammer, 1966, pp. 213-215).

As matrizes utilizadas na teoria são infinitas. As demonstrações apresentadas no artigo apenas valiam para matrizes finitas, e os autores assumiam que resultados semelhantes deveriam valer para matrizes infinitas (Jammer, 1966, p. 215).

Pode-se dizer que com os artigos de Born e Jordan e, depois, de Born, Heisenberg e Jordan, estavam dados os primeiros passos para a construção de uma mecânica quântica matricial, mas que havia muitos aspectos matemáticos que ainda precisavam ser desenvolvidos.

## 10. OUTROS DESENVOLVIMENTOS DA MECÂNICA MATRICIAL

Antes da publicação do "trabalho dos três homens", Wolfgang Pauli havia feito uma importante contribuição, conseguindo analisar o átomo de hidrogênio por meio da nova mecânica matricial. Seu artigo foi submetido para publicação em meados de janeiro de 1926, embora provavelmente tenha sido concluído em dezembro de 1925 (Pauli, 1926). Quase simultaneamente, Paul Dirac também conseguiu chegar ao mesmo resultado, como já foi indicado acima (Dirac, 1926a). Além de obter os resultados já conhecidos da teoria de Bohr, Pauli conseguiu desenvolver as perturbações causadas por campos elétrico e magnético cruzados – um resultado novo, na época. Segundo van der Waerden, o artigo de Pauli convenceu a maioria dos físicos que a mecânica quântica de Heisenberg,

Born e Jordan era correta e superior à teoria quântica antiga (Waerden, 1967, p. 58).

No final de outubro de 1925, pouco depois de colaborar no "trabalho dos três homens", Max Born viajou para os Estados Unidos, para um estágio no *Massachusetts Institute of Technology* (MIT), com conferencista convidado. Lá, iniciou uma colaboração com o matemático Norbert Wiener para o desenvolvimento da mecânica quântica.

Born percebeu que o formalismo desenvolvido nos primeiros trabalhos tinha uma forte limitação: ele só podia ser aplicado a fenômenos periódicos e por isso não era aplicável a situações tão simples quanto o movimento retilíneo uniforme de uma partícula. Certamente era necessário desenvolver um formalismo que abrangesse também fenômenos não-periódicos, e essa era a meta da colaboração entre Born e Wiener.

Pouco antes da chegada de Born ao MIT, Wiener havia publicado um trabalho sobre cálculo operacional. Quando Born lhe contou suas dificuldades e a necessidade de ampliar a abrangência da mecânica matricial, Wiener imediatamente lhe sugeriu que a generalização do cálculo das matrizes seria obtida utilizando-se operadores. Born tinha inicialmente muitas dúvidas sobre a validade dessa abordagem, suspeitando que não fosse um método rigoroso, mas acabou por aceitá-la (Jammer, 1966, p. 221). No início de janeiro de 1926 os dois autores completaram um artigo no qual apresentavam a nova formulação da mecânica quântica, enfatizando no título do trabalho que essa nova abordagem permitia estudar tanto fenômenos periódicos quanto não-periódicos (Born & Wiener, 1926). Born e Wiener introduziram primeiramente um operador $q$ que transforma uma função $x_n$ que não depende explicitamente do tempo em uma outra função $y(t)$, da seguinte forma (Jammer, 1966, pp. 221-222):

$$x_n = \lim_{T=\infty} \frac{1}{2T} \int_{-T}^{T} x(s).\exp - i \frac{2\pi}{h} W_n s ds$$

$$q(t,s) = \sum_{m,n} q_{mn} \exp[i2\pi(W_m t - W_n s)/h]$$

$$q = \lim_{T=\infty} \frac{1}{2T} \int_{-T}^{T} ds.q(t,s)$$

$$y(t) = qx_n$$

$$y(t) = \lim_{T=\infty} \frac{1}{2T} \int_{-T}^{T} q(t,s)x(s)ds = \sum_{m} y_m \exp[i2\pi(W_m t/h)]$$

Note-se que há uma matriz $q_{mn}$ associada ao operador $q$. Depois, é introduzido o operador $D=d/dt$, da seguinte forma:

$$\dot{y}(t) = Dqx(s) = \lim_{T=\infty} \frac{1}{2T} \int_{-T}^{T} \frac{\partial q(t,s)}{\partial t} x(s)ds$$

As matrizes associadas a $Dq$ e a $qD$ seriam:

$$(Dq)_{mn} = \left( i\frac{2\pi}{h} W_m q_{mn} \right) = i\frac{2\pi}{h} Wq$$

$$(qD)_{mn} = \left( i\frac{2\pi}{h} W_n q_{mn} \right) = i\frac{2\pi}{h} qW$$

onde $W=W_n\delta_{mn}$. A partir daí, os autores mostram que a matriz correspondente a $Dq-qD$ seria:

$$Dq - qD = i\frac{2\pi}{h}(W_m - W_n)q_{mn} = (i2\pi)\nu_{mn} q_{mn}$$

O operador *Dq–qD* foi definido como sendo um novo operador, representado por $\dot{q}$. A relação de comutação

$$pq - qp = (h/2\pi i)\mathbf{1}$$

foi também interpretada como uma relação entre operadores, ou seja, Born e Wiener associaram um operador a cada grandeza física. No caso do hamiltoniano eles mostraram que o operador correspondente seria $(h/2\pi i)D$. No entanto, como Max Jammer comentou (Jammer, 1966, p. 223), eles não chegaram a identificar a forma do operador correspondente a *p*, que seria $(h/2\pi i)\partial/\partial q$.

Born e Wiener aplicaram o novo método quântico para o estudo do oscilador harmônico simples e para descrever um movimento uniforme unidimensional. Mostraram, assim, que o formalismo de operadores podia ser aplicada para a análise quântica de fenômenos periódicos e aperiódicos. Mas não encontraram nenhuma aplicação com resultados físicos novos.

É importante notar que a proposta apresentada por Born e Wiener *não é* equivalente à mecânica matricial, já que esta segunda só podia ser aplicada a fenômenos periódicos. Assim, embora não se costume fazer a distinção entre o formalismo de operadores e o formalismo matricial (como se ambos fossem variantes da teoria quântica matricial), trata-se na verdade de duas abordagens que não são equivalentes.

## 11. A MECÂNICA ONDULATÓRIA DE SCHRÖDINGER

Paralelamente ao desenvolvimento da mecânica quântica por Heisenberg, Born, Jordan, Wiener e Dirac, surgiu a mecânica ondulatória, desenvolvida por Erwin Schrödinger a partir dos trabalhos de Louis de Broglie (ver Martins & Rosa, 2014; Martins, 2010).

Schrödinger tomou conhecimento do trabalho de Louis de Broglie em 1925, primeiramente de forma indireta, por uma citação feita por Albert Einstein em seu trabalho sobre a estatística de Bose-Einstein – um assunto sobre o qual Schrödinger escreveu um artigo no final de 1925 (Jammer, 1966, p. 257). Nessa época, Schrödinger se correspondeu com Einstein sobre esse tema, e este lhe sugeriu a leitura da tese de De Broglie. Schrödinger leu a tese em novembro de 1925 e apresentou um seminário sobre seu conteúdo, na Escola Politécnica de Zurich, no final do mesmo mês.

Um dos resultados importantes da teoria de De Broglie era a dedução da quantização de Bohr-Sommerfeld para átomos com um único elétron, supondo que o elétron era acompanhado por uma onda e que havia um número inteiro de comprimentos de onda ao longo da trajetória do elétron. Havia, no entanto, um aspecto pouco aceitável nessa proposta: o comprimento de onda associado ao elétron era comparável ao tamanho do próprio átomo; e não havia nenhum motivo para supor que a onda fazia uma trajetória curva, seguindo o elétron.

Durante o seminário, Peter Debye sugeriu que as ondas de De Broglie deveriam ser estudadas de uma outra forma, através de uma equação de onda. Isso parece ter sido o que levou Schrödinger a tentar encontrar uma equação de onda que obedecesse às propriedades das ondas de De Broglie. Inicialmente, como a teoria de De Broglie era relativística, Schrödinger também tentou encontrar uma equação de onda relativística (Jammer, 1966, pp. 257-258). Chegou àquilo que é atualmente conhecido como "equação de Klein-Gordon", mas abandonou essa equação (sem publicá-la) porque levava a resultados errados, quando era aplicada ao problema do átomo de hidrogênio (essa equação se aplica a bósons, não a férmions, por isso não descreve o comportamento dos elétrons de forma correta). Depois, desenvolveu a equação de onda no limite clássico, obtendo resultados satisfatórios.

Schrödinger obteve seus principais resultados durante um período de férias de poucas semanas que passou em um hotel chamado Villa Herwig, em Arosa, nos Alpes, de dezembro de 1925 a janeiro de 1926, acompanhado por uma amante desconhecida. Há uma carta escrita por Schrödinger para

Wilhelm Wien, de 27 de dezembro, na qual ele descreve que estava obtendo progresso na equação de onda relativística. Deve ter sido nas primeiras semanas de janeiro que ele desenvolveu a equação de onda no limite clássico. Logo depois de retornar a Zurich, Schrödinger escreveu e enviou para publicação uma sequência de seis artigos sobre mecânica quântica, com o título geral de "quantização como um problema de autovalores". Schrödinger tinha já experiência no estudo da física ondulatória e da análise de problemas de autovalores (Jammer, 1966, p. 256). No entanto, ele teve dificuldades com as ferramentas matemáticas necessárias para desenvolver seu trabalho (as quais, como ocorreu no caso de Heisenberg, encontravam-se no livro *Methoden der mathematschen Physik* de Courant e Hilbert) e pediu ajuda, em alguns pontos, a seu colega de trabalho Hermann Weyl.

O primeiro artigo de Schrödinger sobre a mecânica ondulatória (Schrödinger, 1926a) foi recebido por Wilhelm Wien (que era o editor da revista *Annalen der Physik*) no dia 27 de janeiro de 1926. Nesse trabalho ele introduziu uma função distribuída pelo espaço e mostrou que as regras de quantização podiam ser reduzidas a problemas de autovalor dessa função. O segundo artigo foi recebido pela revista um mês depois, no dia 23 de fevereiro. O terceiro (no qual defendeu a equivalência entre a mecânica matricial e a mecânica ondulatória), no dia 18 de março. O quarto, no dia 10 de maio. O quinto e o sexto, em junho, completando a série de trabalhos. Portanto, em uma sucessão muito rápida, iniciada durante a estada nos Alpes em janeiro de 1926, Schrödinger desenvolveu, praticamente sozinho, toda a mecânica ondulatória.

Schrödinger utilizou no seu primeiro artigo a relação $p=(k/\Psi).(\partial\Psi/\partial q)$, sem explicar sua origem (Jammer, 1966, p. 263). É fácil mostrar que ele partiu da relação de De Broglie entre momentum e comprimento de onda, $\lambda$=h/p. Uma onda plana movendo-se na direção $x$, segundo a teoria de De Broglie, seria representada por $\Psi=A.cos\ 2\pi(x-Vt)/\lambda$, ou $\Psi=A.cos$

$2\pi(p/h)(x\text{-}Vt)$ . Sob forma exponencial, essa onda poderia ser representada por:

$$\Psi = A.\exp 2\pi i(p/h)(x - Vt)$$

Portanto, temos que $\partial\Psi/\partial x = 2\pi i(p/h)\Psi$, e o momentum da partícula associada à onda seria $p=(k/\Psi).(\partial\Psi/\partial x)$ onde $k=h/(2\pi iA)$ ou, para uma coordenada genérica $q$, $p=(k/\Psi).(\partial\Psi/\partial q)$. Essa é uma relação básica que Schrödinger utilizou, baseando-se em De Broglie, para construir a equação de onda, no seu primeiro artigo. Note-se que, nesse primeiro trabalho, ele ignorou o fator tempo da função de onda.

A equação de onda independente do tempo foi apresentada de forma detalhada por Schrödinger no seu segundo artigo, apenas. A equação de onda construída por Schrödinger por analogia com a física clássica, baseou-se na relação entre momentum e comprimento de onda de De Broglie (que era uma equação relativística; ver Brown & Martins, 1984) e na relação da física clássica entre momentum e energia cinética, $p^2=2Km=2m(E-U)$. Portanto, como $p= h/\lambda$, temos que $2m(E-U)=(h/\lambda)^2$, ou seja:

$$\lambda^2 = \frac{h^2}{2m(E-U)}$$

Considerando uma onda representada por $\Psi=A.\cos 2\pi\nu t$ e partindo da equação de onda clássica

$$\Delta\Psi - \frac{1}{V^2}\frac{d^2\Psi}{dt^2} = 0$$

temos que $d^2\Psi/dt^2=-4\pi^2\nu^2A.\cos 2\pi\nu t=-4\pi^2\nu^2\Psi$ e, portanto,

$$\Delta\Psi + \frac{4\pi^2\nu^2}{V^2}\Psi = 0$$

e como $V/\nu=\lambda$, substituindo o valor de $\lambda^2$ obtido acima a partir da teoria de De Broglie, obtemos:

$$\Delta\Psi + \frac{8\pi^2 m}{h^2}(E-U)\Psi = 0$$

Para que essa equação tenha sentido, já que ela envolve derivadas segundas (no laplaciano), Schrödinger supôs que a função de onda era contínua e diferenciável pelo menos até segunda ordem. Schrödinger supôs também, no primeiro artigo, que a função $\Psi$ era real.

No primeiro artigo (antes, portanto, de justificar a equação de onda do modo acima), Schrödinger já havia apresentado a equação e aplicado à dedução do espectro do hidrogênio. No caso específico do átomo de hidrogênio, Schrödinger introduziu a energia potencial clássica $U=-e^2/r^2$ entre duas partículas de carga $e$, a uma distância mútua $r$ (no sistema eletrostático de unidades). Conseguiu resolver a equação de onda, utilizando (com a ajuda de Hermann Weyl) a transformada de Laplace, chegando à condição de que, para uma energia total $E$ negativa, só existiam soluções da equação diferencial para valores inteiros de $me^2/[k(-2mE)^{1/2}]$, sendo $k=h/2\pi=\hbar$. Portanto, os valores de energia do átomo de hidrogênio são discretos:

$$E = -\frac{me^4}{2k^2n^2}$$

que é o resultado de quantização da energia obtido na teoria de Bohr. Quando Schrödinger obteve esse resultado, ainda não havia sido publicado o trabalho de Pauli aplicando a mecânica matricial de Heisenberg ao átomo de hidrogênio e obtendo os mesmos resultados.

Note-se que, na teoria de Schrödinger, desaparecem as órbitas dos elétrons e o modelo simplificado de De Broglie perde o sentido. Não existem ondas descrevendo órbitas, acompanhando os elétrons. As ondas formam um sistema de oscilações tridimensional em torno do núcleo atômico.

Schrödinger não esclareceu o significado da função de onda Ψ, mas ela foi introduzida como uma função das coordenadas e do tempo semelhante a uma onda, e por isso ele sugeriu que Ψ poderia representar algum processo de vibração dentro do átomo. A condição de que a equação de onda tivesse uma solução unívoca significa, na teoria ondulatória, que Schrödinger havia obtido as quantização de energia a partir da condição de ondas estacionárias. Como as ondas de Schrödinger são tridimensionais, trata-se de ondas estacionárias semelhantes às ondas acústicas que podem existir em uma cavidade tridimensional. Mas que ondas são essas, afinal? Seriam ondas eletromagnéticas, ou de um novo tipo? No primeiro artigo, o autor não quis discutir isso.

Supondo, no entanto, que essas ondas representadas por Ψ são uma realidade física (alguma coisa que está realmente oscilando), associada aos elétrons (ou seja, associada a uma carga elétrica), Schrödinger propôs uma interpretação da relação de Bohr, de que a frequência ν da radiação emitida pelo átomo é dada por $\nu=(E_1-E_2)/h$. Cada estado estacionário teria uma frequência própria, $\nu_i=E_i/h$; a passagem de uma energia para outra seria semelhante ao processo de coexistência de duas ondas de frequências diferentes, produzindo um batimento cuja frequência é, pela teoria clássica, a diferença entre as frequências das duas ondas básicas. Isso, portanto, explicaria a relação de Bohr para a frequência da radiação emitida (Jammer, 1966, p. 260).

No seu segundo trabalho, Schrödinger discutiu um pouco a relação entre sua teoria ondulatória e o conceito de partícula. De Broglie já havia mostrado que a velocidade $V$ da onda associada a um elétron que tenha velocidade $v$ é dada por $V=c^2/v$, sendo portanto maior do que a velocidade da luz. No entanto, provou também que a velocidade de grupo das ondas associadas a um elétron é exatamente igual à velocidade do próprio elétron.

Considerando-se um certo número de ondas de De Broglie com frequências próximas, é possível construir-se um grupo de ondas de pequenas dimensões (poucos comprimentos de onda). No caso de uma partícula livre, Schrödinger interpretou o próprio grupo de ondas como sendo a "partícula", isto é, aquilo que chamamos de partícula seria simplesmente um pequeno grupo de ondas. Supôs que o grupo de ondas obedeceria às mesmas equações de um ponto material. No entanto, quando se estuda uma "partícula" presa em certo sistema (como o elétron em um átomo), essa localização dada pelo pacote de ondas pode perder totalmente o sentido, porque o comprimento de onda pode ser da mesma ordem de grandeza da região onde a "partícula" está confinada. Nesse caso, a "partícula" estaria espalhada por toda a região, e já não seria possível falar sobre sua localização. Tentar tratar essa situação como se existisse uma partícula pontual seria, segundo Schrödinger, como tentar analisar um fenômeno óptico de difração utilizando a óptica geométrica (Jammer, 1966, pp. 263-264).

Ainda no seu segundo artigo (submetido para publicação no final de fevereiro de 1926), Schrödinger aplicou sua teoria ao estudo do oscilador harmônico, de um sistema rígido em rotação com eixo fixo, um sistema rígido em rotação com eixo livre, e um sistema com rotação e vibração (como uma molécula diatômica na qual a distância entre os dois átomos não é constante).

No caso do oscilador harmônico simples, Schrödinger obteve uma quantização de energia que concordou com os resultados obtidos por Heisenberg, ou seja, a energia seria dada por $E_n=(n+½)h\nu$, onde $n$ é um número inteiro – e não $E_n=nh\nu$, como na antiga teoria quântica (Jammer, 1966, p. 264).

O terceiro trabalho publicado em 1926 por Schrödinger discutia a equivalência entre a mecânica ondulatória e a mecânica matricial. Ele foi submetido para publicação no final de março de 1926.

O quarto artigo (que constituída, na verdade, a terceira parte da contribuição de Schrödinger à mecânica ondulatória) introduziu métodos de perturbação para a obtenção de soluções aproximadas em casos de maior complexidade. Ele aplicou esse método primeiramente à teoria do efeito Stark, conseguindo calcular não apenas a frequência das raias espectrais do átomo submetido ao campo elétrico, mas também as intensidades das componentes, obtendo resultados que concordavam com os dados experimentais (Jammer, 1966, p. 266).

Na quarta e última parte de seu trabalho (que foi o sexto artigo publicado por ele em 1926), Schrödinger introduziu a dependência do tempo, ou seja, situações em que a energia total não é constante. Evidentemente, a equação de onda que ele havia utilizado inicialmente não permitia fazer essa extensão, pois nela aparecia o termo (*E-U*) como equivalente à energia cinética, pressupondo a relação de conservação da energia.

$$\Delta\Psi + \frac{8\pi^2 m}{h^2}(E - U)\Psi = 0$$

Para chegar a uma expressão mais geral, Schrödinger eliminou a energia *E* dessa equação, da seguinte forma. Supôs que a função de onda poderia ser representada por uma oscilação modulada espacialmente, $\Psi=\varphi(q)exp[2\pi i(E/h)t]$ e que, portanto, $\partial\Psi/\partial t=2\pi i(E/h)\Psi$, logo o produto da energia *E* pela função de onda $\Psi$ podia ser substituído por $E\Psi=(h/2\pi i)(\partial\Psi/\partial t)$. Assim, a equação de onda adquire a forma:

$$-\frac{h^2}{8\pi^2 m}\Delta\Psi + U\Psi = \frac{h}{2i\pi}\frac{\partial\Psi}{\partial t}$$

Agora, tendo eliminado da equação a energia total, Schrödinger supôs que ela era válida não apenas nesse caso, mas também quando a função *U* da energia potencial varia com o tempo. Schrödinger aplicou essa equação ao estudo do fenômeno de dispersão, supondo que um átomo estivesse sujeito a um campo externo variando periodicamente com o tempo (onda eletromagnética incidente). Em primeira ordem,

Schrödinger obteve resultados iguais aos que haviam sido obtidos por Kramers e Heisenberg em 1925 (antes do desenvolvimento da mecânica matricial).

Note-se que, na nova equação, aparece a unidade imaginária $i$, que não aparecia na equação anterior. Ela surgiu porque Schrödinger assumiu uma função de onda do tipo $\Psi=\varphi(q)\ exp[2\pi i(E/h)t]$. Poderia, no entanto, ter utilizado apenas funções reais, fazendo $\Psi=\varphi(q)\ cos[2\pi(E/h)t]$, mas nesse caso não teríamos a relação como $E\Psi=(h/2\pi \mathrm{i})(\partial\Psi/\partial t)$ e sim $E^2\Psi=(h/2\pi)^2(\partial^2\Psi/\partial t^2)$. A substituição na equação de onda não levaria a uma relação "razoável".

Tendo introduzido uma função de onda complexa, Schrödinger precisou reconhecer que existiriam duas grandezas físicas distintas: a função real $\varphi(q)$ ou $\varphi(x,y,z)$ que seria um escalar; e a função de onda $\Psi$ propriamente dita, que seria complexa (Jammer, 1966, p. 266). Isso introduzia uma dificuldade adicional na interpretação física dessa grandeza. Schrödinger supôs, nesse artigo, que a função de onda $\Psi$ em si mesma não teria uma interpretação física direta, mas que o seu módulo ao quadrado $\Psi\Psi^*$ representaria a densidade de carga elétrica de uma "partícula" distribuída pelo espaço. No caso do átomo de hidrogênio, por exemplo, o elétron seria uma "nuvem" distribuída no espaço em torno do núcleo, estando a sua carga espalhada nessa região de tal modo que a densidade de carga em cada ponto fosse proporcional a $\Psi\Psi^*$.

A teoria de Schrödinger era, assim, anti-corpuscular. Enfatizava a ideia de uma entidade distribuída de forma contínua pelo espaço, obedecendo à equação de onda. Pode-se dizer que era uma teoria muito próxima à física clássica, seguindo a estrutura da mecânica analítica, mantendo os conceitos antigos de espaço e de tempo, não introduzindo qualquer descontinuidade mas adotando a ideia de De Broglie de entidades extensas (e não pontuais) associadas a ondas. Na mecânica ondulatória de Schrödinger não havia a rejeição aos inobserváveis, defendida por Heisenberg.

## 12. REAÇÕES AO TRABALHO DE SCHRÖDINGER

Muitos físicos reagiram positivamente à proposta de Schrödinger, como Einstein e Sommerfeld (Jammer, 1966, p. 271). Louis de Broglie não aceitou o trabalho de Schrödinger por não ser relativístico, tendo assim abandonado um aspecto que parecia fundamental para De Broglie. Heisenberg, Bohr e seus colaboradores rejeitaram imediatamente as concepções de Schrödinger. Heisenberg, muito tempo depois, declarou a Thomas Kuhn:

> Não queríamos retornar à antiga linha e isso nos desapontou com Schrödinger. [...] Eu senti, "Agora Schrödinger nos coloca em um estado mental que já havíamos superado e que certamente precisa ser esquecido". (Heisenberg, citado por Cushing, 1994, p. 116)

No entanto, consideraram que seu *formalismo* era útil, e passaram a utilizar a equação de onda, sem atribuir a ela o significado que Schrödinger lhe havia dado.

Edward Condon esteve em Göttingen em meados de 1926, desenvolvendo seu doutorado (época em que Schrödinger divulgou seus trabalhos sobre mecânica ondulatória) e trabalhando com Max Born. Ele conta que assistiu a um curso de David Hilbert sobre a teoria quântica no segundo semestre de 1926, e narra uma história muito interessante, sobre isso:

> Hilbert estava rindo muito de Born e Heisenberg e dos físicos teóricos de Göttingen porque, quanto eles descobriram primeiramente a mecânica matricial, estavam tendo, é claro, o mesmo tipo de dificuldade que todos têm em resolver problemas e manipular e fazer as coisas direito com matrizes. Então foram até Hilbert e pediram ajuda, e Hilbert disse que as únicas vezes em que ele tinha feito alguma coisa com matrizes foi quando elas eram um tipo de subproduto dos autovalores das condições de contorno de uma equação diferencial. Por isso, sugeriu que se eles procurassem a equação diferencial que leva a essas matrizes, eles poderiam

> provavelmente fazer mais coisas com elas. Eles pensaram que essa era uma ideia tola e que Hilbert não sabia sobre o que estava falando. Por isso, ele estava depois se divertindo muito, mostrando-lhes que eles poderiam ter descoberto a mecânica ondulatória de Schrödinger seis meses antes, se tivessem dado mais atenção ao que ele havia dito. (Condon, 1962, p. 46)

De acordo com James Cushing, o trabalho de Schrödinger representou uma forte ameaça à linha de pesquisa desenvolvida por Heisenberg, Born e colaboradores. O formalismo da mecânica matricial não tinha tido muitas aplicações bem sucedidas e ainda estava engatinhando quando a abordagem de Schrödinger abriu caminho para uma ampla variedade de aplicações (Cushing, 1994, p. 117).

Os problemas da mecânica matricial eram, por um lado, o formalismo de difícil manipulação e, por outro, a ausência total de um suporte analógico na física clássica que facilitasse o desenvolvimento de aplicações. A teoria de Schrödinger permitia aos pesquisadores visualizarem as situações estudadas e utilizar toda a bagagem da tão familiar teoria ondulatória clássica para analisar novas situações. Assim, foi a mecânica ondulatória e não a mecânica matricial que passou a ser a principal ferramenta da teoria quântica – até mesmo por parte dos defensores da mecânica matricial.

> Paradoxalmente, foram principalmente as técnicas de Schrödinger que estabeleceram a dominância da interpretação associada à mecânica matricial. Heisenberg e seus colaboradores combinaram de forma desavergonhada os métodos matriciais (para o spin do elétron) com a equação diferencial de Schrödinger para resolver vários dos problemas mais importantes da espectroscopia atômica. (Cushing, 1994, p. 117)

Em agosto de 1926, Schrödinger foi convidado por Arnold Sommerfeld a apresentar uma palestra sobre suas ideias em München. Sua apresentação foi muito bem recebida por quase todos, mas Heisenberg, que estava presente, apresentou diversas objeções (Jammer, 1974, p. 56). Logo depois, este escreveu uma carta a Bohr, que convidou Schrödinger a visitar Copenhagen em setembro do mesmo ano. Durante essa visita, Heisenberg também estava presente. Ele e Bohr não aceitaram as ideias de Schrödinger – e vice-versa – mas sentiram a necessidade de desenvolver com mais clareza as bases da teoria quântica. Foi a partir dessa preocupação que Heisenberg desenvolveu o princípio de indeterminação, publicado em 1927 – um aspecto do desenvolvimento da mecânica quântica que não será abordado aqui.

## 13. UMA OU DUAS TEORIAS?

As abordagens da mecânica ondulatória (Schrödinger) e da mecânica matricial (Heisenberg, Born, Jordan) eram muito diferentes. A primeira proporcionava uma nova visão do mundo microscópico, trazendo a promessa de uma compreensão quase clássica da estrutura dos átomos e moléculas. A segunda negava a possibilidade de construir uma teoria do mundo atômico que pudesse ser visualizada. Os formalismos matemáticos eram diferentes, e as semelhanças visíveis eram pequenas. No entanto, vários problemas específicos podiam ser tratados com as duas abordagens, e levavam a resultados idênticos.

Essa estranha situação levou o próprio Schrödinger a investigar se havia uma equivalência entre as duas abordagens. Entre o segundo e o terceiro artigo em que apresentava sua teoria, ele publicou uma análise em que procurava mostrar que a mecânica ondulatória era realmente equivalente à mecânica matricial (Schrödinger, 1926c). Independentemente, Carl Eckart também publicou um artigo tentando estabelecer essa equivalência (Eckart, 1926). Wolfgang Pauli, em um trabalho que não foi publicado na época[6], estudou o mesmo problema; e Paul Dirac também propôs uma demonstração dessa equivalência (Dirac, 1927).

[6] Carta de Pauli a Jordan, em Waerden 1973, pp. 289-293.

Atualmente, quase todos os textos didáticos de mecânica quântica se referem rapidamente a essas duas abordagens e afirmam, sem qualquer análise detalhada, que a mecânica matricial e a mecânica ondulatória eram apenas dois modos diferentes de descrever a mesma teoria – a mecânica quântica. No entanto, a questão não é tão simples assim, como será mostrado mais adiante.

## 14. AS PROPOSTAS SOBRE EQUIVALÊNCIA ENTRE AS ABORDAGENS

Erwin Schrödinger, em seu terceiro artigo de 1926 (Schrödinger, 1926c), procurou mostrar que as duas abordagens eram equivalentes (Jammer, 1966, pp. 272-273).

No seu artigo, Schrödinger partiu da relação matricial de Born-Heisenberg

$$pq - qp = (h/2\pi i)\mathbf{1}$$

e mostrou que correspondia à seguinte equação da mecânica ondulatória:

$$\left(\frac{h}{2i\pi}\frac{\partial}{\partial q}\right)q\Psi - q\left(\frac{h}{2i\pi}\frac{\partial}{\partial q}\right)\Psi = \frac{h}{2i\pi}\Psi$$

Mostrou então que era possível obter as equações da mecânica matricial a partir das equações da mecânica ondulatória, da seguinte forma. Primeiramente, para cada função $F(p,q)$ representando uma grandeza física clássica em função das variáveis dinâmicas $p$, $q$ era possível construir um operador diferencial $[F,\bullet]$ obtido substituindo, na função $F$, a grandeza $p$ pelo operador $(h/2\pi i)(\partial/\partial q)$:

$$[F,\bullet] = F\left(\frac{h}{2i\pi}\frac{\partial}{\partial q}, q\right)$$

Construindo esses operadores e as matrizes correspondentes, Schrödinger mostrou em seguida como era possível associar uma matriz $F_{ij}$ com cada função $F(p,q)$. Provou também que as matrizes possuíam as propriedades algébricas adequadas, de acordo com a mecânica matricial. Reescrevendo a equação de onda com o uso desses operadores, Schrödinger mostrou que a obtenção dos autovalores da equação de onda era equivalente à diagonalização da matriz $H$ correspondente ao hamiltoniano do sistema.

Uma consequência curiosa deste trabalho de Schrödinger foi que os pesquisadores "do outro lado" passaram a se sentir à vontade para combinar a mecânica matricial com a mecânica ondulatória, utilizando o formalismo de Schödinger para abordar problemas que não conseguiam resolver utilizando o método de matrizes.

Por outro lado, houve reações negativas de Heisenberg e Niels Bohr à teoria de Schrödinger, *mesmo depois da publicação da sua demonstração de equivalência* (Moore, 1989, pp. 220-222; 225-229). Heisenberg, por exemplo, questionou se a mecânica ondulatória poderia explicar fenômenos como o efeito fotoelétrico e o espectro do corpo negro. Se as duas teorias eram equivalentes, por que motivo a teoria de Schrödinger era criticada? Ou não havia equivalência, ou havia motivos extra-científicos para isso.

Há um trabalho de Carl Eckart sobre a equivalência entre os dois formalismos (Jammer, 1966, pp. 275-276) que foi publicado em duas partes, quase simultaneamente ao artigo de Schrödinger. Na primeira (Eckart, 1926a), submetida para publicação em março de 1926 (duas semanas depois do artigo de Schrödinger), ele apenas anunciou sua intenção e esboçou a análise de equivalência em um caso particular (do oscilador harmônico). Três meses depois, ele publicou o segundo artigo (Eckart, 1926b), com a análise completa.

Assim como no caso de Schrödinger, Eckart partiu da mecânica ondulatória e obteve as equações da mecânica matricial. Ele não tentou fazer o caminho inverso, pois considerou que a teoria de Schrödinger era mais fundamental do que a mecânica matricial.

De acordo com Max Jammer, tanto Eckart quanto Schrödinger foram influenciados por um trabalho de Kornelius Lanczos. Este, em artigo submetido em dezembro de 1925 (Lanczos, 1926), havia mostrado que a teoria de Heisenberg-Born-Jordan podia também ser formulada em termos de equações integrais (Jammer, 1966, p. 276).

A terceira tentativa de demonstração de equivalência entre a mecânica matricial e a mecânica ondulatória foi elaborada por Wolfgang Pauli, mas ele não a publicou. Esse trabalho foi mencionado em um artigo de Gregor Wenzel, submetido para publicação em junho de 1926; portanto, o trabalho de Pauli foi certamente escrito mais ou menos na mesma época dos trabalhos de Schrödinger e de Eckart, sem ter conhecimento dos mesmos, pois eles ainda não haviam sido publicados (Jammer, 1966, p. 276).

Wenzel não deu detalhes sobre o trabalho de Pauli. Em 1973, van der Waerden publicou uma carta de Pauli para Jordan, de 12 de abril de 1926, que discute a relação entre a teoria de Schrödinger (cujo primeiro trabalho acabara de ser publicado) e a mecânica matricial (Waerden, 1973). É provável que esse seja o trabalho ao qual Wenzel se referiu.

A análise de Pauli, como o de Schrödinger e o de Eckart, parte da teoria de Schrödinger e procura mostrar que é possível obter, a partir dela, o cálculo da mecânica matricial (Waerden, 1973, pp. 280-281).

Existe ainda um outro trabalho da época, escrito por Dirac, que procurou estabelecer a equivalência entre a mecânica matricial e a mecânica ondulatória, no artigo intitulado "The physical interpretation of the quantum dynamics" (Dirac, 1927). Nesse trabalho, escrito durante uma estada em Copenhagen no segundo semestre de 1926, Dirac desenvolveu a teoria da transformação e mostrou que a mecânica matricial e a mecânica ondulatória são casos especiais de uma abordagem mais geral (ver Dalitz & Peierls, 1986, p. 148 e pp. 164-165).

Há autores que afirmam que as demonstrações de equivalência de Schrödinger, Eckart e Pauli, eram erradas ou incompletas, mas que Von Neumann teria conseguido posteriormente estabelecer uma demonstração rigorosa da equivalência (Neumann, 1932; Neumann, 1955).

Mais adiante indicaremos dúvidas que foram levantadas a respeito dessas demonstrações.

## 15. A INTERPRETAÇÃO ESTATÍSTICA DE MAX BORN

Não vamos aqui descrever o desenvolvimento posterior da mecânica quântica, exceto pelo surgimento da interpretação estatística da função de onda. Como já foi mencionado, Schrödinger atribuiu um significado físico à função de onda, supondo que a carga elétrica de cada "partícula" estaria espalhada pelo espaço, com densidade de carga proporcional a $\Psi\Psi^*$. Essa interpretação pareceu problemática a quase todos os físicos da época, por vários motivos (Jammer, 1966, pp. 282-283). Abandonar a ideia de partículas, substituindo-a pela de pacotes de onda, tinha o inconveniente de que esses pacotes vão aumentando de tamanho com o tempo, de tal forma que o conceito de localização de sua energia não faz sentido. Além disso, na teoria de Schrödinger, no caso de sistemas com várias partículas (mais de 3 graus de liberdade), a função de onda não é mais uma simples função espacial e sim uma função do espaço de fase, sendo difícil nesse caso reter a interpretação de Schrödinger.

Schrödinger procurou interpretar inicialmente a mecânica ondulatória de um modo puramente clássico. Ele supôs que a função de onda $\Psi$ associada a uma partícula representava a densidade de carga elétrica dessa partícula que estaria, portanto, distribuída pelo espaço e não concentrada em um ponto (Jammer, 1974, pp. 24-27). No seu quarto trabalho (Schrödinger, 1926d) ele apresentou a densidade de carga da partícula como sendo proporcional a $\Psi\Psi^*$. Com essa interpretação, ele calculou as intensidades das raias espectrais dos efeitos Zeeman e Stark, obtendo resultados concordantes com os valores conhecidos.

A interpretação de Schrödinger logo encontrou problemas, no entanto. Em maio de 1926, Lorentz escreveu a Schrödinger comentando que uma partícula seria representada por um pacote de ondas que aumentaria de tamanho com o passar do tempo, não correspondendo assim ao conceito aceito de uma partícula. Além disso, quando se estuda um sistema com duas ou mais partículas, a função de onda já não pode ser interpretada como uma densidade de carga distribuída no espaço. Logo surgiram outras dificuldades (Jammer, 1974, pp. 32-33).

Por outro lado, se a "partícula" fosse um pacote de ondas, o que aconteceria com ele quando passasse por um cristal, por exemplo, que funciona como uma rede de difração? A "partícula" se separaria em várias outras? E em fenômenos de colisão (espalhamento): a onda incidente deveria se transformar em uma onda esférica, depois da colisão; poderia isso significar que a partícula se expandiria para todos os lados? Aparentemente não, pois os fenômenos de colisão de partículas pareciam indicar que existia uma localização bem definida das mesmas.

Quase ao mesmo tempo em que Schrödinger enviava seu quarto artigo para publicação, Max Born concluiu um trabalho em que propunha uma interpretação puramente probabilística para a função de onda $\Psi$ (Born, 1926). Embora Born estivesse fortemente associado ao desenvolvimento da mecânica matricial, ele havia se interessado pelo trabalho de Schrödinger por causa de alguns de seus aspectos formais, rejeitando, no entanto, a interpretação do próprio Schrödinger (Jammer, 1974, pp. 38-39). Born estava plenamente convencido da natureza corpuscular do elétron, e a visão de Schrödinger lhe parecia inadmissível. Para Born, nessa época, um elétron teria, em cada instante, posição e velocidade bem definidas, e a função de onda $\Psi$ representaria fundamentalmente nossa ignorância da real situação da partícula (Jammer, 1974, pp. 42-44). Essa primeira interpretação estatística da função de onda era inadequada, pois não permitia explicar os fenômenos de interferência de elétrons passando por uma fenda dupla.

Ao tentar aplicar a teoria de Schrödinger a fenômenos de espalhamento de partículas, Max Born pensou em outra interpretação da função de onda: ela estaria associada à probabilidade de que a partícula fosse desviada em cada direção. Mais exatamente, a probabilidade seria proporcional a $\Psi\Psi^*$, ou seja, a $|\Psi|^2$ (Born, 1926). De certa forma, a função de onda seria um tipo de "campo fantasma" que guiaria as partículas.

Apesar de recusar a interpretação de Schrödinger, Born apreciou positivamente a teoria e chegou a afirmar nesse trabalho de 1926 que "entre as várias formas da teoria [quântica], apenas o formalismo de Schrödinger se mostra apropriado para esse propósito [análise de fenômenos de colisão]; por esta razão, estou inclinado a considerá-lo como a formulação mais profunda das leis quânticas" (Jammer, 1966, p. 284).

## 16. O DEBATE SOBRE A EQUIVALÊNCIA

A questão de saber se a diferença entre as abordagens de Schrödinger e de Heisenberg-Born-Jordan seria apenas em relação à *interpretação* da teoria é bastante complexa. Max Jammer esclareceu, em seu livro, que é necessário ter em mente diferentes sentidos do termo "interpretação de uma teoria" (Jammer, 1974, pp. 9-17). Uma teoria física *T* contém, por um lado, um formalismo abstrato *F* e um conjunto *R* de "regras de correspondência" que dão um significado empírico à teoria. Em certo sentido, *R* proporciona uma interpretação de *F*. Porém, além disso, podem existir outros princípios externos a *F*+*R* que complementam a teoria e lhe dão um "sentido", e uma teoria pode também estar associada a um modelo *M*, ou seja, um conjunto de proposições completamente interpretadas cuja estrutura lógica é semelhante ou isomórfica ao conjunto *F*+*R*, mas que tem natureza epistemológica diferente. Além de tudo isso, uma teoria física *T* pode ser eventualmente substituída por uma proposta alternativa *T'* que contém muitos mas não todos os aspectos de *T* (e vice-versa), mas que apresenta de certa forma uma nova interpretação da antiga teoria. Para analisar as relações entre a mecânica ondulatória e a mecânica matricial, é necessário levar em conta essas e outras distinções importantes.

Vários autores questionam as provas de equivalência entre as duas abordagens. Em geral, eles discutem mais detalhadamente apenas a suposta demonstração de Schrödinger, não analisando com o mesmo cuidado as de Eckart e Pauli.

Norwood Russell Hanson (1961a; 1961b) procurou mostrar que a teoria de Schrödinger, do modo como havia sido formulada inicialmente (isto é, do modo como era concebida quando o próprio Schrödinger tentou provar a equivalência)[7], não era capaz de abordar certos fenômenos descritos pela mecânica matricial (porque Schrödinger apenas havia estudado o caso sem dependência do tempo) e tinha conseqüências experimentais diferentes das que podiam ser deduzidas da mecânica matricial, *mas que essas conseqüências se mostraram falsas*. Logo depois, no entanto, Max Born sugeriu uma nova interpretação para a função de onda (Born, 1926) – a interpretação probabilística – que levava a novas conseqüências experimentais. A teoria de Schrödinger, *modificada por Born*, levava a conseqüências iguais às da mecânica matricial *depois que esta também sofreu mudanças*, e assim essas duas teorias se tornaram equivalentes, sob o ponto de vista empírico; mas não eram equivalentes, quando Schrödinger tentou fazer a demonstração.

Frederick Muller concorda com as conclusões de Hanson, mas critica seus argumentos[8]. Ele utilizou uma análise baseada na abordagem semântica ou estrutural de Patrick Suppes. Sua análise não adota um estilo histórico, empregando pelo contrário uma *reconstrução* das teorias que analisa, o que torna um pouco problemáticas suas demonstrações. Suas teses principais são:

---

[7] Inicialmente, Schrödinger não entendia a função de onda como associada a probabilidades e sim com a densidade de carga do elétron extendido, que se espalhava em torno do núcleo de hidrogênio, por exemplo.

[8] "Hanson nega a equivalência mas, infelizmente, por razões completamente erradas" (Muller, 1997, p. 37, nota 4).

(1) Quando Schrödinger e Eckart apresentaram suas demonstrações de equivalência, a mecânica matricial e a mecânica ondulatória não eram equivalentes nem sob o ponto de vista matemático nem empírico.

Desde o início era óbvio e reconhecido por todos os jogadores que a mecânica matricial e a mecânica ondulatória eram distintas *ontologicamente*, no sentido de fazer afirmações conflitantes sobre a realidade atômica. Mas argumentando contra a equivalência *matemática* e *empírica*, o autor pretende questionar pelo menos todos os testemunhos do Mito da Equivalência referidos acima[9]. Uma razão para a falha da equivalência matemática é o fato de que enquanto a mecânica matricial podia em princípio descrever a evolução no tempo de sistemas físicos (pela equação de Born-Jordan), mas se limitava desnecessariamente a fenômenos periódicos, a mecânica ondulatória não o podia – a equação de onda dependente do tempo, de Schrödinger, data de 3 meses depois de sua prova de equivalência. Outras razões para a falha da equivalência matemática são: a ausência na mecânica matricial de um espaço de estados, mas sua presença na mecânica ondulatória (o espaço de funções de onda); o fato de que o espaço Euclidiano e um conjunto de densidades de carga e matéria, ambos presentes de forma proeminente na mecânica ondulatória, não possuíam correspondentes na mecânica matricial; e o fato de que a mecânica matricial produziu a primeira teoria do campo eletromagnético quantizado por meio de campos com valores matriciais, enquanto Schrödinger enfatizava que não havia motivo para brincar com as equações de Maxwell na mecânica ondulatória. A não-equivalência empírica entre a mecânica matricial e a mecânica ondulatória provém das densidades de carga espalhadas, que tornam concebível realizar um

---

[9] Muller apresentou no seu artigo uma longa lista de trabalhos que admitem o "mito da equivalência": que a mecânica matricial e a mecânica ondulatória eram equivalentes quando apareceram as demonstrações de 1926, e que as provas de Schrödinger e Eckart eram válidas.

> *experimentum crucis* por medidas de carga em elétrons. (Muller, 1997, p. 38)

Outra diferença inicial interessante, apontada por Muller, é que inicialmente a mecânica ondulatória não era capaz de calcular as intensidades das raias espectrais (que a teoria matricial calculava), mas logo Schrödinger adicionou um novo postulado, que permitia fazer esses cálculos (Muller, 1997, pp. 57-58).

Muller também alega que: (2) A diferença ontológica entre as duas teorias estava embutida nas suas estruturas matemáticas, sendo impossível representar na mecânica matricial algo equivalente ao espaço Euclidiano, as densidades de carga e matéria e as ondas estacionárias; (3) Mesmo sob o ponto de vista matemático, a demonstração de Schrödinger é falha; (4) Existe uma equivalência matemática, como a que Schrödinger queria demonstrar, mas que só foi demonstrada por Von Neumann (1932), e que depende de modificações das duas teorias[10]; (5) A equivalência só se tornou possível porque as matrizes infinitas originais passaram depois a ser consideradas apenas como especificações parciais de operadores lineares atuando no espaço de Hilbert de seqüências complexas. Muller propôs uma nova prova de que as "versões finais" das duas mecânicas (que não correspondem às teorias iniciais, sob o ponto de vista histórico) são matematicamente e empiricamente equivalentes.

O próprio van der Waerden, que publicou a carta em que Pauli procura mostrar a equivalência entre as duas abordagens, considera que não existe tal equivalência. Ele apresenta de

---

[10] Hanson colocou em questão a própria demonstração de Von Neumann, pelo seguinte motivo: Von Neumann desenvolveu uma nova versão da mecânica quântica, utilizando operadores Hermitianos em um espaço de Hilbert e a mecânica quântica desenvolvida anteriormente *não* utilizava esse formalismo. Depois, Von Neumann provou que a mecânica ondulatória e a matricial podiam ser considerados como casos particulares desse novo formalismo. Hanson aponta que há problemas graves em uma prova desse tipo.

forma esquemática as hipóteses fundamentais das duas teorias e discute quais podem ser deduzidas (ou são equivalentes) às outras. Vamos apresentar rapidamente esse argumento:

De acordo com van der Waerden, a mecânica ondulatória (MO) exposta por Schrödinger nos seus dois primeiros artigos se baseia nas seguintes hipóteses (Waerden, 1973, p. 276):

MO1) Há estados estacionários determinados por funções de onda complexas $\psi(q)$, que permanecem finitas em todos os pontos do espaço.

MO2) A função $\psi$ satisfaz uma equação diferencial $H\psi=E\psi$, onde $E$ é o valor da energia e $H$ é um operador obtido a partir do hamiltoniano clássico $H(q,p)$ substituindo os momentos pelo operador diferencial $(k/\mathrm{i})(\partial/\partial \mathrm{q})$, onde $k=h/2\pi$.

MO3) Os autovalores da equação diferencial acima são os valores da energia do sistema.

MO4) A frequência da radiação emitida quando o sistema passa de um estado de energia $E_{\mathrm{m}}$ para outro estado de energia inferior $E_{\mathrm{n}}$ é dado pela relação de Bohr $E_{\mathrm{m}}-E_{\mathrm{n}}=\mathrm{h}\nu_{\mathrm{mn}}$.

Van der Waerden descreve, por outro lado, a mecânica matricial (MM) apresentada no "trabalho dos três homens" como estando baseada nas seguintes hipóteses (Waerden, 1973, pp. 276-277):

MM1) O comportamento de um sistema mecânico é determinado pelas matrizes **p** e **q** (uma matriz **q** para cada coordenada $q$ e uma matriz **p** para cada coordenada $p$).

MM2) É válida a relação matricial $\mathbf{pq}-\mathbf{qp}=(k/\mathrm{i})\mathbf{1}$, se $p$ está associado à coordenada $q$, ou igual a zero, no caso contrário.

MM3) A matriz $\mathbf{W}=\mathrm{H}(\mathbf{p},\mathbf{q})$ é diagonal, e seus elementos diagonais são os valores da energia do sistema.

MM4) As equações do movimento são:

$$\dot{\mathrm{p}} = -\frac{\partial \mathrm{H}}{\partial \mathrm{q}}, \quad \dot{\mathrm{q}} = \frac{\partial \mathrm{H}}{\partial \mathrm{p}}$$

Como consequência dessa hipóteses podem ser obtidas as frequências $\nu_{\mathrm{n}}$ associadas aos diversos estados do sistema e os coeficientes $a_{mn}$ que determinam as amplitudes: $E_n=h\nu_n$; $p_{mn}=a_{mn}\, exp[2\pi i(\nu_m-\nu_n)t]$.

MM5) O postulado de Bohr, $E_m-E_n=h\nu_{mn}$.

MM6) As probabilidades de transição são proporcionais a $|a_{mn}|^2$.

Antes de prosseguir com a descrição da análise de van der Waerden, é importante mencionar que a hipótese MO4 era, para Schrödinger, uma consequência de sua concepção (a frequência do batimento de duas oscilações diferentes) e não uma hipótese adicional, como já foi mencionado.

Se as duas teorias fossem equivalentes, seria possível deduzir os conjunto MM(1,2,3,4,5,6) do conjunto MO(1,2,3,4) e vice-versa. As hipóteses MO4 e MM5 são idênticas. Van der Waerden afirma que a demonstração de Schrödinger corresponde a provar que a partir de MO(1,2,3) é possível deduzir MO(1,2,3) e que, no caso em que se assuma que a função ψ pode depender do tempo (o que não faz parte das hipóteses dos dois primeiros artigos de Schrödinger) é possível também provar MM4. No entanto, não é possível provar MM6 a partir das hipóteses de Schrödinger (Waerden, 1973, p. 277).

Van der Waerden também afirma que é impossível deduzir as hipóteses de Schrödinger a partir da mecânica matricial porque a mecânica ondulatória contém o conceito de "estado estacionário" (ver MO1) que não existe na mecânica matricial. Ou seja: de acordo com o autor, nem é possível deduzir MM(1,2,3,4,5,6) de MO(1,2,3,4), nem é possível deduzir MO(1,2,3,4) de MM(1,2,3,4,5,6).

Outro autor que questionou as demonstrações de equivalência foi Enrico Giannetto (1997). Em sua análise, ele enfatizou que, na época da tentativa de demonstração de equivalência, a teoria matricial somente podia ser aplicada a grandezas físicas discretas (como o espectro atômico descontínuo) e não a grandezas físicas contínuas. Pelo contrário, a teoria de Schrödinger abrangia grandezas contínuas, levando apenas em casos particulares a algumas situações em que apareciam indiretamente grandezas físicas discretas (estados estacionários). Somente depois da suposta demonstração de equivalência, e sob a inspiração do trabalho de Schrödinger, a mecânica matricial foi modificada (pelo formalismo dos operadores) de modo a poder incorporar o caso contínuo. Além disso, Giannetto indica também que as duas teorias eram diferentes sob os pontos de vista matemático (com linguagens que, *pelo modo como eram usadas*, não eram equivalentes), ontológico e epistemológico[11]. Este autor também enfatiza que o trabalho de Born não foi uma inocente reinterpretação, mas uma mudança profunda do trabalho de Schrödinger, resultando em uma nova teoria com diferente conteúdo físico. Ele também afirma que, a partir da teoria matricial, teria sido impossível desenvolver uma teoria relativística de campos, pois esta pressupõe um espaço-tempo contínuo, que não pode ser representado no formalismo matricial.

Cada um desses trabalhos aponta diferentes aspectos do problema. Eles concordam em alguns pontos – especialmente quanto à não equivalência entre as duas mecânicas, em 1926 – mas discordam em muitos outros. Pode-se dizer que a questão de saber até que ponto as duas abordagens eram ou não equivalentes ainda está em aberto.

## 17. CONSIDERAÇÕES FINAIS

> Geralmente se considera o progresso da Ciência como um tipo de avanço racional, limpo, ao longo de uma linha reta ascendente; na verdade, ele segue um caminho em zigue-zague, algumas vezes mais desconcertante do que a evolução do pensamento político. Em particular, a história das teorias cósmicas pode ser chamada, sem exagero, de uma história de obsessões coletivas e de esquizofrenias controladas; e a maneira pela qual se chegou a algumas das descobertas individuais mais importantes nos lembra mais o desempenho

[11] "A linguagem das equações diferenciais da mecânica ondulatória está não apenas historicamente, mas também estruturamente (sintaticamente) conectada ao determinismo mecanicista, causal e continuista, espaço-temporal e reversibilista, da ontologia da física clássica" (Giannetto, 1977, p. 3).

de um sonâmbulo do que o de um cérebro eletrônico. (Koestler, 1959, p. 15)

Arthur Koestler, em seu livro *Os sonâmbulos*, sugere que a chamada Revolução Copernicana foi realizada por pessoas que produziam suas contribuições astronômicas sem estar totalmente conscientes sobre o que estavam fazendo (Koestler, 1959). O desenvolvimento da mecânica quântica apresenta uma situação que se enquadra com a visão de Koestler. É muito claro que Heisenberg não tinha a menor ideia sobre o que estava fazendo quando escreveu seu primeiro artigo de 1925. Os criadores da mecânica quântica não partiram de ideias claras nem utilizaram deduções bem fundamentadas, mas produziram trabalhos cuja única justificativa, no período inicial, era que conseguiam dar conta de algum fenômeno já conhecido. Havia problemas em todos os trabalhos iniciais e os pesquisadores iam tateando, alterando pontos importantes da teoria, explorando novas hipóteses e métodos matemáticos, sem ter uma visão muito clara a respeito do que estavam construindo.

A mecânica matricial (Heisenberg, Born, Jordan) e a mecânica ondulatória (Schrödinger) foram construídas independentemente uma da outra, com pontos de partida completamente diferentes e utilizando também técnicas distintas. As duas tiveram sucesso na explicação de fenômenos quânticos. Trata-se de duas teorias, ou apenas formas diferentes de uma mesma teoria? Esta é uma pergunta importante, para a qual Schrödinger, Dirac, Pauli, von Neumann e outros importantes pesquisadores tentaram fornecer uma resposta. No entanto, ainda há dúvidas sobre essa questão, que merece uma investigação mais profunda.

## AGRADECIMENTOS

O autor agradece o apoio recebido através da Fundação de Amparo à Pesquisa do Estado de São Paulo (FAPESP) e ao Conselho Nacional de Desenvolvimento Científico e Tecnológico (CNPq).

## REFERÊNCIAS BIBLIOGRÁFICAS

BELLER, Mara. Pascual Jordan's influence on the discovery of Heisenberg's inderminacy principle. *Archives for the History of Exact Sciences* **33**: 337-349, 1985.

BOHR, Niels. On the quantum theory of line-spectra. *Kongelige Danske Videnskabernes Skrifter, Naturvidenskabelig og Mathematisk Afdeling*, **4**.1: 1-36, 37-100, 1918.

BOHR, Niels; KRAMERS, Hendrik Antony & SLATER, John Clarke. The quantum theory of radiation. *Philosophical Magazine* **47**: 785-802, 1924.

BORN, Max. Über Quantenmechanik. *Zeitschrift für Physik* **26**: 379-395, 1924.[12]

BORN, Max. Zur Quantenmechanik der Stossvorgänge. *Zeitschrift für Physik* **37**: 863-867, 1926; **38**: 803-827, 1926.[13]

BORN, Max. *My life: Recollections of a Nobel laureate*. New York: Scribner, 1978.

BORN, Max; HEISENBERG, Werner & JORDAN, Pascual. Zur Quantenmechanik II. *Zeitschrift für Physik* **35**: 557-615, 1925.[14]

BORN, Max; JORDAN, Pascual. Zur Quantenmechanik. *Zeitschrift für Physik* **34**: 858-888, 1925.[15]

BORN, Max; WIENER, Norbert. A new formulation of the laws of quantization of periodic and aperiodic phenomena. *Journal of Mathematical Physics* **5**: 84-98, 1926.[16]

BROGLIE, Louis de. *Recherches sur la théorie des quanta.* Thèses présentées à la Faculté des Sciences de l'Université

---

[12] Tradução: Waerden, 1967, pp. 181-198.

[13] Tradução: Ludwig, 1968, pp. 206-225.

[14] Tradução: Waerden, 1967, pp. 307-385.

[15] Tradução: Waerden, 1967, pp. 277-306.

[16] O mesmo trabalho foi publicado em alemão: BORN, Max; WIENER, Norbert. Eine neue Formulierung der Quantengesetze für periodische und nicht periodische Vorgänge. *Zeitschrift für Physik* **36**: 174-187, 1926.

de Paris pour obtenir le grade de docteur ès sciences physiques. Paris: Masson et Cie., 1924.[17]

CONDON, Edward U. Sixty years of quantum physics. *Physics Today* **15** (10): 37-49, October 1962.

CUSHING, James T. Quantum mechanics: historical contingency and the Copenhagen interpretation. Chicago: The University Chicago Press, 1994.

DALITZ, R. H.; PEIERLS, Rudolf. Paul Adrien Maurice Dirac. 8 August 1902-20 October 1984. B*iographical Memoirs of Fellows of the Royal Society* **32**: 138-185, 1986.

DIRAC, Paul Adrian Maurice. The fundamental equations of quantum mechanics. *Proceedings of the Royal Society of London* [Series A, Containing Papers of a Mathematical and Physical Character] **109** (752): 642-653, 1925.

DIRAC, Paul A. M. Quantum mechanics and a preliminary investigation of the hydrogen atom. *Proceedings of the Royal Society of London* **A 110**: 561-579, 1926 (a).

DIRAC, Paul A. M. The elimination of nodes in quantum mechanics. *Proceedings of the Royal Society of London* **A 111**: 281-305, 1926 (b).

DIRAC, Paul Adrien Maurice. The quantum algebra. *Proceedings of the Cambridge Philosophical Society* **23**: 412-418, 1926 (c).

DIRAC, Paul A. M. The physical interpretation of the quantum dynamics. *Proceedings of the Royal Society of London* **A 113**: 621-641, 1927.

ECKART, Carl. The solution of the problem of the single oscillator by a combination of Schrödinger's wave mechanics and Lanczos' field theory. *Proceedings of the National Academy of Sciences* **12**: 473-476, 1926 (a).

[17] Esta tese de Louis de Broglie, defendida em novembro de 1924, foi depois publicada na íntegra sob a forma de um artigo: BROGLIE, Louis de. Recherches sur la théorie des quanta. *Annales de Physique*, **3**: 44-61, 1925.

ECKART, Carl. Operator calculus and the solution of the equations of motion of quantum dynamics. *Physical Review* **28**: 711-726, 1926 (b).

GIANETTO, Enrico Antonio. Note sulla rivoluzione della meccanica delle matrici di Heisenberg, Born e Jornan e sul problema dell'equivalenza com la meccanica di Schrödinger. *In*: REDUZZI, Luca (org.). *Atti del XVII Congresso Nazionale di Storia della Fisica e dell'Astronomia*. Milano: Universitá degli Studi di Milano, 1997.[18]

HANSON, Norwood Russell. Are wave mechanics and matrix mechanics equivalent theories? *Czechoslovakian Journal of Physics* **11**: 693-708, 1961 (a).

HANSON, Norwood Russell. Are wave mechanics and matrix mechanics equivalent theories? Pp. 401-428, *in*: FEIGL, H. & MAXWELL, G. (eds.). *Current issues in the philosophy of science*. New York: Holt, Rinehart and Winston, 1961 (b). [19]

HEISENBERG, Werner. Über quantentheoretische Umdeutung kinematischer und mechanischer Beziehungen. *Zeitschrift für Physik* **33**: 879-893, 1925.[20]

HEITLER, W. Erwin Schrödinger. 1887-1961. *Biographical Memoirs of Fellows of the Royal Society* **7**: 221-228, 1961.

JAMMER, Max. The conceptual development of quantum mechanics. New York: McGraw Hill, 1966.

JAMMER, Max. The philosophy of quantum mechanics. The interpretations of quantum mechanics in historical perspective. New York: John Wiley, 1974.

[18] Disponível em: <http://albinoni.brera.unimi.it./Atti-Como-97/>. Acesso em: 06 de outubro de 2003.

[19] Apesar de terem o mesmo título, estes dois trabalho de Hanson não são idênticos e o segundo contém também comentários feitos por E. L. Hill a respeito da análise de Hanson.

[20] Tradução: Waerden, 1967, pp. 261-276; Ludwig, 1968, pp. 168-182.

KEMMER, N.; SCHLAPP, R. Max Born. 1882-1970. *Biographical Memoirs of Fellows of the Royal Society* **17**: 17-52, 1971.

KOESTLER, Arthur. The sleepwalkers: a history of man's changing vision of the universe. London: Hutchinson, 1959.

LANCZOS, Kornelius. Über eine feldmässige Darstellung der neuen Quantenmechanik. *Zeitschrift für Physik* **35**: 812-830, 1926.

LUDWIG, Günter (ed.). *Wave mechanics*. Oxford: Pergamon Press, 1968.

MARTINS, Roberto de Andrade. De Louis de Broglie a Erwin Schrödinger: uma comparação. Pp. 393-409, *in*: FREIRE JR, Olival; PESSOA JR., Osvaldo; BROMBERG, Joan Lisa (orgs). *Teoria quântica: estudos históricos e implicações culturais*. Campina Grande: EDUEPB; São Paulo: Livraria da Física, 2010.

MARTINS, Roberto de Andrade; ROSA, Pedro Sérgio. *História da teoria quântica: a dualidade onda-partícula, de Einstein a De Broglie*. São Paulo: Livraria da Física, 2014.

MEHRA, Jagdish (ed.). *The physicist's conception of nature*. Dordrecht: D. Reidel, 1973.

MOORE, Walter. *Schrödinger: life and thought*. Cambridge: Cambridge University, 1990.

MOTT, Nevill; PEIERLS, Rudolf. Werner Heisenberg. 5 December 1901 – 1 February 1976. *Biographical Memoirs of Fellows of the Royal Society* **23**: 212-251, 1977.

MULLER, Frederick A. The equivalence myth of quantum mechanics. *Studies in the History and Philosophy of Modern Physics* **28**: 35-61; 219-247, 1997; **30**:543-545, 1999.

NEUMANN, John von. *Mathematische Grundlagen der Quantenmechanik*. Berlin: Springer, 1932.

NEUMANN, John von. *Mathematical foundations of quantum mechanics*. Translated by R. T. Beyer. Princeton: Princeton University Press, 1955.

*Nobel Lectures, Physics 1922-1941*. Amsterdam: Elsevier Publishing Company, 1965.

*Nobel Lectures, Physics 1942-1962*. Amsterdam: Elsevier Publishing Company, 1964.

PEIERLS, Rudolf E. Wolfgang Ernst Pauli. 1900-1958. *Biographical Memoirs of Fellows of the Royal Society* **5**: 174-192, 1960.

PRICE, William C.; CHISSICK, Seymour S.; RAVENSDALE, Tom (ed.s). *Wave mechanics: The first fifty years. A tribute to Louis de Broglie, Nobel laureate, on the 50th anniversary of the discovery of the wave nature of the electron*. New York: Wiley, 1973.

ROSENFELD, Léon. The wave-particle dilemma. Pp. 251-261, *in*: MEHRA, Jagdish (ed.). *The physicist's conception of nature*. Dordrecht: D. Reidel, 1973.

SCHRÖDINGER, Erwin. Quantisierung als Eigenwertproblem. Erste Mitteilung. *Annalen der Physik* **79**: 361-376, 1926 (a).[21]

SCHRÖDINGER, Erwin. Quantisierung als Eigenwertproblem II. *Annalen der Physik* **79**: 489-527, 1926 (b).[22]

SCHRÖDINGER, Erwin. Über das Verhältnis der Heisenberg-Born-Jordanschen Quantenmechanik zu der meinen. *Annalen der Physik* **79**: 734-756, 1926 (c).[23]

SCHRÖDINGER, Erwin. Quantisierung als Eigenwertproblem III. *Annalen der Physik* **80**: 437-490, 1926 (d).[24]

SCHRÖDINGER, Erwin. Quantisierung als Eigenwertproblem IV. *Annalen der Physik* **81**: 109-139, 1926 (e).[25]

---

[21] Tradução: Schrödinger, 1928, pp. 1-12.

[22] Tradução: Schrödinger, 1928, pp. 13-40.

[23] Tradução: Schrödinger, 1928, pp. 45-61.

[24] Tradução: Schrödinger, 1928, pp. 62-101.

[25] Tradução: Schrödinger, 1928, pp. 102-121.

SCHRÖDINGER, Erwin. Der stetige Übergang von der Mikro- zur Makromechanik. *Naturwissenschaften* **14**: 664-666, 1926 (f).[26]

SCHRÖDINGER, Erwin. An undulatory theory of the mechanics of atoms and molecules. *Physical Review* [series 2] **28**: 1049-1070, 1926 (g).

SCHRÖDINGER, Erwin. Energieaustausch nach der Wellenmechanik. *Annalen der Physik* **83**: 956-968, 1927.[27]

SCHRÖDINGER, Erwin. *Collected papers on wave mechanics*. Translated by J. F. Shearer & W. M. Deans. London: Blackie & Son, 1928.

SCHROER, Bert. Pascual Jordan, his contributions to quantum mechanics and his legacy in contemporary local quantum physics [2003]. Disponível em <http://arxiv.org/pdf/hep-th/0303241>, acessado em 20/01/2006.

SUPPES, Patrick (ed.). *Studies in the foundations of quantum mechanics*. East Lansing, MI: Philosophy of Science Association, 1980.

WAERDEN, Bartel Leendert van der (ed.). *Sources of quantum mechanics*. Amsterdam: North-Holland, 1967.

WAERDEN, Bartel Leendert van der. From matrix mechanics and wave mechanics to unified quantum mechanics. Pp. 276-293, *in*: MEHRA, Jagdish (ed.). *The physicist's conception of nature*. Dordrecht: D. Reidel, 1973.

26 Tradução: Schrödinger, 1928, pp. 41-44.

27 Tradução: Schrödinger, 1928, pp. 137-146.

# IBN AL-HAYTHAM E A REVOLUÇÃO MEDIEVAL NA ÓPTICA

Roberto de Andrade Martins

**Resumo:** Este artigo apresenta o desenvolvimento da Óptica – especialmente sob o ponto de vista da teoria da visão – da Antiguidade até o período medieval, indicando a importância do trabalho de Ibn al-Haytham no desenvolvimento de novas ideias que transformaram essa teoria. No século XI, Ibn al-Haytham introduziu uma interpretação que é parcialmente igual à que aceitamos hoje: a de que a visão ocorre quando a luz atinge os objetos e, depois, é captada por nossos olhos, produzindo neles imagens. Porém, a compreensão do funcionamento dos olhos só se deu, de fato, no século XVII, culminando com a contribuição de Kepler. É necessário perceber a importância da contribuição de al-Haytham, mas também é extremamente relevante captar as limitações de sua teoria, sem descrevê-la de modo anacrônico.
**Palavras-chave:** história da Óptica; história da Física; teoria da visão; Ibn al-Haytham; Óptica medieval; ciência islâmica

## 1. INTRODUÇÃO

Abū ʿAlī al-Ḥasan ibn al-Ḥasan ibn al-Haytham[1] (aproximadamente 965-1040), que se tornou conhecido na

[1] O nome masculino Haytham significa uma jovem águia. A pronúncia de Ibn al-Haytham é ĭb'ən ĕl-hī'thəm (Kleinedler, 2005, p. 315), cujo som é aproximadamente ib(a)n(e)l-hith(a)m, onde as

MARTINS, Roberto de Andrade. *Ensaios sobre História e Filosofia das Ciências I*. Extrema: Quamcumque Editum, 2021.

Europa como Alhacen ou Alhazen, foi um pensador islâmico homenageado em 2015, dentro da programação do "Ano Internacional da Luz", por suas contribuições à Óptica.[2]

Cerca de mil anos atrás ele escreveu seu "Livro de Óptica", *Kitāb al-Manāẓir*. Nele propôs uma importante teoria sobre a visão, defendendo que ela se dá através da luz e das cores que se espalham em linha reta, para todos os lados, a partir de cada ponto da superfície dos objetos iluminados, e atingem o olho, nele produzindo uma réplica bidimensional que percebemos. Sua teoria, revolucionária para a época, não é igual à que aceitamos hoje em dia, mas foi um passo importante para a compreensão do processo visual, ajudando a transformar todo o estudo da Óptica.

A obra *Kitāb al-Manāẓir* de Ibn al-Haytham foi traduzida menos de dois séculos depois para o latim e teve grande influência na Europa, desde a Idade Média até o início do século XVII, quando Johannes Kepler (1571-1630) propôs uma nova teoria da visão que é, essencialmente, a que ainda utilizamos. O objetivo do presente artigo é apresentar um panorama geral sobre a história da Óptica desde a Antiguidade grega até a Idade Média, abordando as contribuições de Ibn al-Haytham, dando especial atenção à sua teoria da visão, comparando-a com as de seus antecessores e mostrando, também, algumas de suas limitações.

Ao final do artigo, adicionamos como apêndices as traduções de textos de al-Kindī, Ibn Sīnā e Ibn al-Haytham.

---

vogais entre parênteses indicam sons muito curtos, e a letra "h" é aspirada, como em inglês.

[2] Este artigo foi escrito em 2015, por ocasião das comemorações do "Ano Internacional da Luz", sob o estímulo de um convite para apresentar uma conferência sobre "A óptica de Ibn al-Haytham: 1.000 anos de luz" na 67ª Reunião Anual da SBPC, realizada na Universidade Federal de São Carlos, de 12 a 18 de julho de 2015. Uma versão muito curta foi depois divulgada no *site* da SBPC, no endereço <http://www.sbpcnet.org.br/livro/67ra/PDFs/arq_3909_1804.pdf>

## 2. A ÓPTICA NA ANTIGUIDADE

Na Antiguidade grega e helenística, o processo de visão foi estudado por médicos interessados em questões como cegueira e doenças dos olhos, levando à análise da estrutura e fisiologia dos olhos; por filósofos interessados no processo de conhecimento do mundo e no sentido da visão; e por matemáticos interessados em compreender perspectiva e fenômenos ópticos como a reflexão (Lindberg, 1976, p. 1). Essas três tradições contribuíram para o desenvolvimento posterior da teoria da visão.

Da Antiguidade até o século XVI, a palavra "óptica" significava o estudo da visão e não o estudo da luz, como atualmente (Halsey, 1889, p. 173).[3] Diversos pensadores da Antiguidade grega tentaram compreender como conseguimos enxergar os objetos. Afinal de contas, conseguimos ver coisas que estão a grande distância de nós, como árvores, montanhas, nuvens e estrelas. Como isso é possível? Como podemos captar a forma, o tamanho, a cor e a distância dos objetos, pela visão?

No caso de outros de nossos sentidos, a problemática é muito mais simples. Podemos conhecer os objetos pelo tato porque podemos tocá-los e, assim, perceber se são lisos ou ásperos, quentes ou frios, moles ou duros. Quando nossa mão está em contato com um objeto, a pele recebe diretamente essas informações e as transmite à nossa mente; não parece haver mistério nisso, porque não há distância alguma entre o objeto e nossa pele. No caso da audição, também não parecia existir nenhum mistério. Desde a Antiguidade já se sabia que o som era uma vibração produzida pelos objetos, que se espalha pelo ar e que, ao chegar até nós, pode ser percebido pelo ouvido. Não parece haver nada de misterioso, pois não percebemos o som à distância, e sim quando ele atinge nossos ouvidos. O sentido do paladar é semelhante ao do tato (somente sentimos o sabor de coisas que estão em contato com nossa boca); e o do olfato é

---

[3] A palavra grega *ops* (ώψ) significa olho; optikós (ὀπτικός) é aquilo que se refere à visão; e *ta optika* (τὰ ὀπτικά) é a teoria da visão.

semelhante à audição (o aroma sai dos objetos e vem até nossa narina, onde é captado). Em todos esses casos, há um contato direto ou indireto entre o objeto que estamos sentindo e nosso corpo. Foi esta propriedade da visão – captar a aparência de coisas distantes de nós – que foi considerada peculiar e desencadeou muitos estudos.

Certas interpretações da visão, na Antiguidade, supunham que alguma coisa saía dos objetos visíveis e chegava até nossos olhos (como no caso dos sons). São chamadas "teorias de intromissão" ou "teorias de ingresso", ou seja, de entrada de alguma coisa em nosso órgão visual. Outras interpretações supunham que saía alguma coisa de nossos olhos que ia até os objetos, entrava em contato com eles e transmitia de volta aos nossos olhos as informações visuais sobre os mesmos; são chamadas de "teorias de emissão", ou "teorias de egressão", ou seja, de saída de alguma coisa de nosso órgão visual (Rudolph, 2015, p. 36).

Os atomistas gregos acreditavam que películas formadas por átomos se desprendiam da superfície dos objetos para todos os lados e que, atingindo os olhos, produziam a visão. Essas películas, chamadas "eidola" em grego (imagens), mantinham a forma e transmitiam outras características do objeto (Siegel, 1959). De acordo com Aristóteles, Demócrito (século V a.C.) apontava que podemos ver uma miniatura da imagem dos objetos nos olhos das pessoas e que isso era parte do processo da visão (Lindberg, 1976, pp. 2-3). Essas películas, comparadas por Lucretius à pele que se desprende de uma cobra, seriam unidades coerentes, mantendo a cor e a forma do objeto; assim, receber e entrar em contato com esses simulacros era equivalente a entrar em contato com o próprio objeto.

Tal proposta tinha vários problemas, que foram identificados por diversos pensadores da Antiguidade. Como a réplica de um objeto grande poderia entrar no olho? E como os diversos simulacros dos objetos existentes em um mesmo local poderiam passar uns através dos outros, sem se atrapalhar? Outro problema é que essas películas deveriam encolher com a distância, de tal modo a transmitir ao observador um tamanho aparente coerente com as leis da perspectiva (Lindberg, 1976, p. 58).

Uma outra proposta surgiu aproximadamente no século V a.C.: a de que o olho conteria um tipo de "fogo", que sairia dele e iria até os objetos, para produzir a visão – ou seja, uma teoria de emissão. Tal ideia é atribuída a alguns pitagóricos (como Alcmaeon de Croton) e a Empédocles (Ierodiakonou, 2005, p. 23; Lindberg, 1976, pp. 3-5). Essa hipótese foi depois modificada e desenvolvida por Platão (aprox. 427-347 a.C.). Segundo ele, o olho emite um tipo de luz ou fogo visual; quando o ambiente em volta da pessoa está iluminado, o fogo visual se combina com essa luz externa e forma raios que vão diretamente do olho até os objetos externos, transmitindo suas características ao observador. É como se pudéssemos esticar dedos invisíveis até os objetos, tocá-los e perceber como eles são.

Aristóteles (384-322 a.C.) rejeitou as teorias anteriores sobre luz e visão. Considerou que não era razoável aceitar que saísse alguma coisa dos olhos que fosse capaz de atingir até mesmo as estrelas. Também criticou a ideia de que pudesse ocorrer uma união ou combinação entre a luz interna e a luz externa (Lindberg, 1976, pp. 6-7). Segundo Aristóteles, se colocamos um objeto em contato com o olho, ele não é visto; portanto, a visão não é um tipo de contato. Precisa existir um meio transparente (como ar, água e a matéria celeste) entre o olho e o objeto; e é esse meio transparente que atua sobre o olho e produz a visão. Os materiais transparentes são fundamentais para a visão e é através deles que vemos as cores e os objetos.

As duas principais obras de Aristóteles que discutem a visão são *De anima* e *De sensu et sensato* (Smith, 2001, vol. 1, p. xxvi). Nelas, Aristóteles considera que o objeto primário da visão é a cor, que é uma propriedade inerente aos objetos físicos. Para se tornarem realmente visíveis, esses corpos devem estar em um meio transparente contínuo, como o ar, que os conecte diretamente com o olho. No entanto, esses meios só se tornam efetivamente transparentes quando são iluminados; sem luz, esses meios permanecem negros e opacos.

Segundo Aristóteles, a luz (*phos*) não é material; é um estado adquirido pelas coisas transparentes, causado por objetos luminosos, como o fogo. Sendo um estado (e não uma substância), a luz pode atravessar instantaneamente um objeto transparente, de qualquer tamanho. A cor (*chroma*), segundo Aristóteles, é uma propriedade da superfície dos objetos visíveis, que pode atuar sobre os meios transparentes iluminados. O objeto assim atua sobre o ar e este atua sobre o olho. Como o olho também é transparente, esse efeito pode entrar nele produzir efeitos (a visão) (Lindberg, 1976, pp. 7-9). Quando estão iluminados, esses meios se tornam capazes de assimilar a cor dos objetos, através de uma mudança qualitativa e não pela entrada de alguma substância material. Essa mudança qualitativa do meio transparente se difunde instantaneamente e atinge o olho. O olho, sendo um órgão material transparente, também é tingido fisicamente pela cor incidente e assim podem ser refletidas imagens na superfície da córnea. Por outro lado, como uma entidade sensível, ele assimila o efeito colorido, transformando-o em uma impressão sensorial, assim como a cera macia pode adquirir a forma e a impressão de um sinete, sem mudar sua natureza (Smith, 2001, vol. 1, p. xxvii). Na teoria de Aristóteles, o olho é passivo, recebendo de fora (através do ar) as impressões das cores dos objetos. A causa física da visão não é material e sim uma causa formal transmitida até o olho.

A teoria de Aristóteles não dava conta do processo pelo qual o observador é capaz de observar diferentes objetos ao mesmo tempo; se todos eles estão atuando sobre o ar, como pode o olho separar uma influência da outra? Em que consistiria a direcionalidade da visão? (Lindberg, 1976, p. 59).

Pensadores estoicos posteriores, como Cícero, supunham que o centro de consciência produzia um tipo de poder vital (*pneuma*) óptico que ia até o olho e produzia efeitos no ar externo, colocando-o em um estado de tensão. Quando esse ar era iluminado pelo Sol, ele se tornava um instrumento capaz de conectar o olho aos objetos externos, como se o olho os estivesse tocando com uma vareta (Lindberg, 1976, pp. 9-10).

Todos esses autores se preocupavam com o processo da visão, mas não entravam em detalhes a respeito dos fenômenos ópticos como a perspectiva, o funcionamento de espelhos, etc. Sabemos que já existia algum estudo geométrico desse tipo desde o tempo de Aristóteles, pois ele alude a isso (Lindberg, 1976, p. 11). No entanto, ele próprio não se dedicou ao assunto.

Alguns pensadores posteriores, do período helenístico, tentaram compreender como a aparência visual dos objetos se altera, conforme sua distância e posição em relação ao observador – um estudo que foi depois chamado "perspectiva" (Ierodiakonou, 2015). A mais antiga exposição da teoria matemática da visão que conhecemos é de Euclides (aprox. 300 a.C.). Este autor deixou de lado as discussões fisiológicas ou filosóficas sobre a visão, tratando apenas dos fenômenos que podem ser analisados geometricamente. Pressupôs, no entanto, o olho enxerga enviando algo (os raios visuais retilíneos) que atinge os objetos visíveis. O ponto de partida desses raios é um ponto dentro do olho, que se torna o vértice de um cone ou feixe de raios. Cada um desses raios tocava um ponto do corpo observado e permitia ao observador saber sua posição (pela direção do raio) e outras propriedades (como a cor) que eram transmitidas de volta pelo raio. A base do cone é a superfície do objeto. A visão é semelhante ao tato, já que algo sai da pessoa e vai até o objeto, para senti-lo (Smith, 2001, vol. 1, p. xxviii-xix; Lindberg, 1976, p. 12). Como esses raios são retilíneos, tal teoria permite uma análise geométrica da perspectiva, explicando fatos como a diminuição aparente dos objetos quando eles se afastam. Os raios visuais formam cones, cuja base está na superfície dos objetos vistos, e cujo vértice está no olho. As coisas vistas sob um ângulo maior parecem maiores e as que são vistas sob um ângulo menor parecem menores; e a posição das coisas é percebida pela direção dos raios que as atingem. A nitidez da visão de um objeto depende do número de raios que o atingem. Para Euclides, os raios visuais formam um feixe discreto e um objeto muito pequeno ou muito distante se torna invisível por estar no espaço entre os raios. A visão permite perceber a direção em que o objeto está e também sua distância, já que o observador os está "tocando" com seus raios visuais.

Mais do que discutir a própria natureza da visão, Euclides e outros matemáticos aplicaram a hipótese dos raios visuais para explicar geometricamente diversas características importantes da visão – aparência visual (forma), direção, percepção de movimentos, distância, tamanho, nitidez etc.

Outros autores posteriores, como Heron de Alexandria e Ptolomeu, também utilizaram a hipótese de raios visuais, analisando geometricamente as propriedades da visão de imagens em espelhos (reflexão), assim como através de corpos transparentes (refração). Note-se que, nesse período, a Óptica era o estudo da visão e não do movimento da luz. Ninguém se referia à reflexão da luz nos espelhos e sim à reflexão dos raios visuais neles.

Heron de Alexandria (século I d.C.) adotou em seus estudos sobre os espelhos uma atitude semelhante à de Euclides. Refere-se pouco ao processo visual, utilizando uma abordagem quase totalmente geométrica. No entanto, como Euclides, ele também utiliza alguns pressupostos sobre a visão, empregando a ideia de raios visuais que saem dos olhos, atingem os espelhos e são refletidos por eles (Lindberg, 1976, pp. 14-15). Argumentou que esses raios se movem tão rapidamente que, quando fechamos os olhos e os abrimos de novo, olhando para o céu, vemos imediatamente as estrelas. Ao explicar as diferenças entre uma superfície polida e outra não polida, Heron indicou que os raios visuais se comportam como uma pedra atirada contra uma parede, sugerindo assim que esses raios possuem uma natureza material. Ele fez um estudo detalhado dos fenômenos de reflexão das imagens, introduzindo também a ideia de que os raios visuais sempre percorrem o caminho mais curto possível (Martins & Silva, 2013).

Ptolomeu (século II d.C.) escreveu a mais importante obra sobre óptica da Antiguidade que chegou até nós. A primeira parte de sua obra, que discutia o processo da visão, não foi conservada, o que dificulta a compreensão de sua abordagem. No entanto, sabe-se que ele atribuía a visão a um fluxo visual que saia do olho, como Euclides; porém, interpretava os raios visuais como sendo da mesma natureza dos raios luminosos, atribuindo-lhes assim uma natureza física. Ptolomeu dividiu sua obra em três partes. Primeiramente analisou o caso da visão em linha reta ("óptica"); depois, estudou os efeitos da reflexão em espelhos ("catóptica"); e, por fim, os fenômenos de refração ("dióptrica") (Smith, 2001, vol. 1, p. xxxv). Ele estudou a questão da visão binocular, a diplopia, ilusões visuais e outros efeitos, pois a óptica antiga era a ciência da visão e não da luz.

Ptolomeu aceitava que a cor era uma propriedade dos objetos físicos, uma qualidade que produzia uma modificação nos raios visuais que atingiam o objeto. Essa cor só pode produzir efeitos na presença da luz externa (Lindberg, 1976, pp. 14-16). Na óptica de Ptolomeu, os raios visuais já não são mais pensados como um feixe discreto e sim como um cone contínuo. Os raios visuais individuais se tornam assim apenas imaginários, um recurso que permite analisar a visão com o uso da geometria. O cone visual atinge um objeto e apreende a cor e o brilho de sua superfície, transmitindo esse efeito de volta até o olho, onde produz uma impressão visual. Além de indicarem a cor e o brilho dos objetos, os raios visuais permitem perceber sua posição, tamanho e distância (Smith, 2001, vol. 1, pp. xxix - xxxii).

O médico helenístico Galeno (aprox. 129-199 d.C.) afirmou que existiam apenas duas possibilidades de tentar explicar a visão: ou alguma coisa sairia do próprio objeto e iria até a pessoa, ou alguma coisa sairia da pessoa e iria até o objeto (Lindberg, 1976, p. 10). A primeira alternativa lhe parecia inaceitável, pois a imagem de uma montanha muito grande precisaria ao mesmo tempo se espalhar para todos os lados de modo a atingir diversas pessoas; e encolher para entrar pela pupila. Assim, a segunda alternativa precisaria ser verdadeira, ou seja, o olho deveria enviar até o objeto seu poder sensorial. Adotou, assim, uma hipótese semelhante à dos estoicos, supondo que o poder vital visual (*pneuma*, em grego) seria enviado do cérebro, através dos nervos ópticos, até os olhos; sairia então pelos olhos e produziria uma alteração no ar, mas não iria até longe; o efeito do *pneuma* no ar é que seria transmitido até grandes distâncias, quando o ar está iluminado. O poder visual se estende então pelo ar transparente, até atingir o corpo colorido (Ierodiakonou, 2014).

Galeno enriqueceu sua teoria da visão com muitas informações sobre a anatomia e a fisiologia do olho, distinguindo várias de suas partes como retina, córnea, íris, humor aquoso, humor vítreo. Ele supunha que o cristalino (humor glacial) era o principal órgão da visão, pois quando ocorre a catarata, entre o cristalino e a córnea, a visão é prejudicada, até que a catarata seja removida (Lindberg, 1976, p. 11). Não atribuída importância à retina.

O período medieval foi fortemente influenciado pelos autores helenísticos. Como vimos, tanto a teoria de Euclides quanto a de Galeno aceitavam que o poder visual emana do olho e é enviado diretamente (através de raios visuais) ou indiretamente (através de uma modificação do ar) até o objeto visível para percebê-lo. A proposta atomista praticamente não teve impacto nos pensadores posteriores; mas a concepção aristotélica teve influência no pensamento islâmico sobre a visão, a partir do século X.

## 3. ESTUDOS ISLÂMICOS SOBRE ÓPTICA

Durante a Idade Média, as ideias sobre a visão que tinham sido propostas na Antiguidade começaram a ser estudados pelos pensadores islâmicos. Os primeiros estudos islâmicos sobre óptica que conhecemos foram desenvolvidos no século IX, por Abū Yūsuf Ya'qūb ibn Isḥāq al-Kindī. O trabalho de al-Kindī foi diretamente influenciado pelo pensamento grego. Aparentemente, não conhecia a obra de Ptolomeu, pois não a cita. Baseou-se, em grande parte, na tradição geométrica da perspectiva de Euclides (Lindberg, 1976, pp. 18-19). Aceitava a hipótese de emissão de raios visuais. No entanto, uma de suas obras acabou contribuindo, posteriormente, para a substituição dessa teoria: no seu trabalho "Sobre os raios das estrelas", no qual propõe uma base teórica para a astrologia e a magia, al-Kindī afirma que todos os corpos do universo emitem raios, como as estrelas, e assim se influenciam uns aos outros (ver Apêndice 1 deste artigo). Segundo sua visão, tudo produz raios que se espalham para todos os lados e preenchem todo o universo. Através deles, as estrelas enviam suas influências sobre o mundo terrestre; os ímãs, o fogo, o som e as cores atuam também através de raios sobre sua vizinhança. Possivelmente essa hipótese de al-Kindī foi influenciada pelo neo-platonismo de Plotinus.

Embora aceitasse a hipótese de emissão de raios visuais, al-Kindī estudou a propagação de raios luminosos, analisando as propriedades geométricas das sombras produzidas por objetos, para defender que eles seguiam linhas retas (Lindberg, 1976, p. 20). Após o trabalho de al-Kindī, muitos outros autores islâmicos defenderam a teoria de emissão de raios, como al-Farabi (século X), ibn Bakhtyashy (século XI), Ibn Hazm (século XI), Nasir al-Din al-Tusi (século XIII) e outros (Lindberg, 1976, p. 31).

Após o trabalho de al-Kindī, muitos outros autores islâmicos defenderam a teoria de emissão de raios, como al-Farabi (século X), Ibn Bakhtyashy (século XI), Ibn Hazm (século XI), Nasir al-Din al-Tusi (século XIII) e outros.

Na área médica, os estudos islâmicos sobre a visão parecem ter sido iniciados aproximadamente na mesma época dos estudos ópticos de al-Kindī, ou seja, no século IX. O texto mais antigo que conhecemos é de autoria de Yuhanna ibn Masawaih, de Bagdá (Lindberg, 1976, p. 33). Seu discípulo, 'Abū Zayd Ḥunayn ibn 'Isḥāq, também do século IX, é considerado mais importante do que ele. Ḥunayn ibn Ishaq traduziu textos médicos para o árabe e escreveu trabalhos originais sobre o olho e a visão, baseados principalmente nas ideias de Galeno (Lindberg, 1976, p. 34). Sua obra teve, posteriormente, grande influência no ocidente. Ḥunayn ibn Ishaq criticou a teoria de emissão de raios visuais, argumentando que eles precisariam sair do olho e preencher todo o espaço, até os objetos mais distantes, o que parece implausível. Pelo contrário, na teoria de Galeno, esse espaço já está preenchido pelo ar, e o poder vital visual que sai do olho apenas toca o ar que está perto do olho; o ar, assim modificado, transmite essa ação à distância. Ele também admitia que as cores dos objetos se propagam pelo ar e citava como confirmação disso o fato de que se uma pessoa está abaixo de uma árvore, sua roupa fica da tonalidade dos ramos dessa árvore (Lindberg, 1976, pp. 38-40).

Ḥunayn ibn Ishaq teve grande influência tanto no mundo islâmico quanto no ocidente. Sua obra foi citada por autores persas como Abu Bakr Muahammad ibn Zakariya al-Razi (século X), Abu Ruh Muhammad ibn Mansur al-Jurjani (século XI), 'Ali ibn Ibrahim ibn Bakhtyashu' (final do século XI), pelo sírio Khalifa al-Halabi (século XIII) e por muitos outros. No ocidente, sua obra sobre a visão foi traduzida para o latim no final do século XI, circulando de forma ampla e influenciando diretamente Bartholomaeus Anglicus, Vincent de Beauvais e Roger Bacon; até o século XVI, era muito citado (Lindberg, 1976, p. 41). A teoria da visão de Galeno defendida por ele permaneceu praticamente imutável, nos séculos seguintes.

Os ataques islâmicos contra a teoria da emissão começaram a se tornar mais fortes na obra de Abū ʿAlī al-Ḥusayn ibn ʿAbd Allāh ibn Sīnā (980-1037), mais conhecido no ocidente como Avicenna (ver Apêndice 2 deste artigo). Todo o pensamento de Avicenna foi fortemente influenciado por Aristóteles (Lindberg, 1976, p. 43). Avicenna criticou a teoria dos raios visuais argumentando que seria absurdo acreditar que um órgão tão pequeno quando o olho fosse capaz de emitir alguma coisa capaz de preencher um hemisfério do universo; e que isso teria que ser repetido cada vez que o olho fosse aberto, a menos que retornasse e fosse reabsorvido pelo olho. Além disso, se o olho percebe os objetos quando os raios visuais o tocam, ele sempre os perceberia do mesmo tamanho que são, e as leis da perspectiva não valeriam. Avicenna discute a possibilidade de que os raios visuais não preenchessem todo o espaço, mas saíssem dos olhos e perdessem contato com ele; ou que não atingissem o objeto observado; no entanto, em ambos os casos, tais raios não poderiam transmitir a visão do objeto. Por outro lado, se fosse o ar que transmitisse as propriedades do objeto até os raios visuais, para que seriam necessários esses raios? Ele também critica a ideia de que os raios são descontínuos e em número finito, pois nesse caso a visão seria constituída por pontos e não seria contínua. Argumenta ainda que, se os raios visuais possuem realidade física, então eles ocupam espaço e não poderiam se propagar pelo ar ou pelo éter que preenche o espaço entre os astros. Se esses raios forçassem sua passagem abrindo espaços no meio da matéria, então, ao olhar para um objeto abaixo da água, a água deveria aumentar de volume (Lindberg, 1976, p. 47).

Avicenna também criticou a teoria galênica de que os raios visuais modificam o ar e o tornam capaz de transmitir a visão. Se olhar para um objeto através do ar desse uma nova propriedade ao ar, então as pessoas míopes veriam melhor quando estivessem perto de outros; e uma pessoa com visão fraca veria melhor quando estivesse próxima a outra com visão mais forte – o que não ocorre (Lindberg, 1976, pp. 47-48). Segundo Avicenna, as condições para a visão seriam apenas que o meio seja transparente, que existam as cores nos objetos, que o olho seja saudável e que haja iluminação. Como o próprio ar está em contato com o olho, ele transmite a visão ao olho, não havendo necessidade de um raio que saia dele. Portanto, ele retornou à teoria de Aristóteles. Assim como no caso de outros sentidos (como olfato e audição) não se precisa supor que algo saia do órgão e vá até os objetos, também no caso da visão basta supor que algo vem até o órgão (Lindberg, 1976, pp. 45-46). Sob o ponto de vista da estrutura do olho, Avicenna seguiu Galeno. Avicenna comparou a visão com a formação de imagem que ocorre em um espelho; e afirma que os objetos produzem imagens na superfície do olho. O tamanho dessas imagens produz o efeito da perspectiva; se os raios visuais fossem até os objetos e os "sentissem", a perspectiva não existiria

A teoria aristotélica da visão, defendida por Avicenna, foi depois também apresentada por Abu-l-Walid Mahammad ibn Rushd (1126-1198), mais conhecido como Averroes (Lindberg, 1976, p. 52). Averroes adicionou alguns aspectos da fisiologia do olho de Galeno, mas manteve essencialmente a teoria aristotélica.

Até al-Haytham, os vários autores islâmicos que escreveram sobre óptica podiam ser divididos em várias escolas: a dos matemáticos (que seguiam a abordagem geométrica de Euclides, como al-Kindi), a dos médicos (que seguiam os estudos de Galeno, como Hunain) e a dos filósofos aristotélicos (como Avicenna). Al-Haytham superou essa divisão, aproveitando elementos de cada uma dessas tradições e unindo-as em uma teoria fértil e bastante coerente (Lindberg, 1976, p. 85).

## 4. IBN AL-HAYTHAM E SUA OBRA

Abū ʿAlī al-Ḥasan ibn al-Ḥasan ibn al-Haytham (aprox. 965-1039), que se tornou conhecido na Europa como Alhacen ou Alhazen, nasceu em Baṣra, no atual Iraque ou, talvez, em Miṣrī, no Egito (era chamado de al-Baṣrī – proveniente de Baṣra – ou al-Miṣrī). Passou a maior parte de sua vida no Egito, onde tentou estabelecer um sistema de controle das inundações do Nilo, sem sucesso (Lindberg, 1976, p. 60).

Segundo Roshdi Rashed (2008, p. 1090), as informações históricas sobre al-Haytham são raras e pouco confiáveis, misturadas a lendas. As duas principais fontes biográficas sobre al-Haytham foram escritas dois séculos depois de sua morte, por Jamal al-Din ibn al-Qifti (d. c. 1248) e Ibn Abi Usaybi'a (d. 1270); fontes, portanto, baseadas em informações secundárias ou tradições orais (Smith, 2001, vol. 1, p. xv). É difícil estabelecer uma versão segura sobre sua vida, a partir dessas fontes.

A partir dessas fontes, é possível afirmar que ele nasceu no Iraque, provavelmente em Basra, no litoral do Golfo Pérsico. A data de nascimento é incerta; certamente foi na segunda metade do século X, possivelmente em torno do ano 965. Talvez ele tenha sido vizir (conselheiro de um califa) na sua cidade. Antes do ano 1021 ele passou a residir no Cairo, no período do califado de Faṭimid al-Ḥākim. Propôs um projeto hidráulico para controlar as águas do rio Nilo, mas ele foi rejeitado pelo califa. Continuou a viver no Cairo até sua morte, que ocorreu após o ano 1040.

Conta-se que al-Haytham havia se gabado de ter um plano para controlar as inundações do Nilo e inicialmente teria sido convidado pelo califa al-Ḥākim para desenvolver esse projeto. No entanto, após percorrer o Nilo, al-Haytham se convenceu da inviabilidade do projeto. Temendo a fúria do califa, fingiu-se de louco e teria ficado preso em uma casa por cerca de 10 anos, até o falecimento de al-Ḥākim, em 1021. Durante esse período ele teria escrito seu famoso livro sobre óptica, *Kitāb al-Manāẓir*. Depois disso, passou a residir em uma tenda diante da mesquita Azhar, no Cairo. Sustentou-se ensinando e fazendo cópias de manuscritos científicos para outras pessoas, prosseguindo seus estudos e escrevendo diversos livros (Smith, 2001, vol. 1, p. xv).

Alguns antigos bibliógrafos citam 96 títulos de obras atribuídas a Ibn al-Haytham, mas nem todas sobreviveram. Metade de seus escritos eram sobre matemática, 14 sobre óptica, 23 sobre astronomia, duas sobre filosofia, três sobre estática e hidrostática, duas sobre astrologia e quatro sobre outros tópicos (Rashed, 2008, p. 1090). Muitas parecem ter sido compostas no intervalo entre 1028 e o ano de sua morte. Existem as versões árabes de aproximadamente 60 delas (Smith, 2001, vol. 1, p. xix). Seus trabalhos mais antigos (não conservados) parecem ter sido sobre lógica e sobre a filosofia de Aristóteles. A partir de 1028, ele se concentrou em trabalhos matemáticos e científicos.

Seus trabalhos abrangem matemática, astronomia, medicina, óptica e teologia.

No campo da óptica, os trabalhos de al-Haytham que foram conservados foram *Kitāb al-Manāẓir*, depois traduzido para o latim com os nomes *De Aspectibus* ou *Perspectiva*; "Sobre o espelho parabólico incendiário", traduzido para o latim com o nome *De speculis comburentibus*; "Sobre o espelho esférico incendiário"; "Sobre a esfera incendiária"; "Sobre a luz"; "Sobre o arco-íris e o halo"; "Sobre a natureza das sombras"; "Sobre a forma do eclipse"; "Sobre a luz da Lua" e "Sobre a luz das estrelas" (Lindberg, 1976, pp. 60-61; Rashed, 2008, p. 1092). Outros seis de seus trabalhos, perdidos, também tratavam sobre a visão e a luz. Não há dúvidas, no entanto, de que a sua principal obra sobre óptica foi o *Kitāb al-Manāẓir*, que parece ter sido concluída entre 1028 e 1039 (Smith, 2001, vol. 1, p. ix).

Ibn al-Haytham estava diretamente familiarizado com as obras de Euclides, Ptolomeu, Aristóteles e Galeno (Smith, 2001, vol. 1, p. xxv). Embora esses autores tivessem ideias divergentes sobre a visão, al-Haytham procurou conciliar suas teorias. Ele escreveu sobre todos os temas da tradição óptica anterior, comentando sobre a obra de Aristóteles, de Euclides, de Galeno e de Ptolomeu, abordando a óptica geométrica, a óptica física, a fisiologia e a psicologia da visão. Ibn al-Haytham foi contemporâneo de Avicenna e também sofreu forte influência de Aristóteles[4]. Porém, conseguiu unir elementos de muitas abordagens diferentes, empregando os recursos geométricos de Euclides e Ptolomeu, os conhecimentos anatômicos e fisiológicos de Galeno, e produzindo uma teoria original sobre a visão. Em seus trabalhos, Ibn al-Haytham modificou o significado da óptica, que abordou não apenas como uma teoria

---

[4] Avicenna e al-Haytham foram contemporâneos; não é possível datar com certeza seus trabalhos, por isso é difícil estabelecer a influência que um deles possa ter exercido sobre o outro. David Lindberg acredita que não houve influência mútua (Lindberg, 1976, p. 61).

da visão, mas também como teoria da luz, sua propagação e seus efeitos. Esse foi o início da revolução medieval da óptica.

O *Livro de óptica* ou *Livro de perspectiva* de al-Haytham (*Kitāb al-Manāẓir*)[5] tem sete partes ou livros. O primeiro trata sobre luz, cores e a teoria geral da visão através da recepção de raios luminosos pelo olho. Explica as várias condições para que a visão ocorra, ou seja, que o objeto visível seja luminoso ou iluminado, que esteja diante do observador, que o espaço entre o olho e o objeto seja transparente, etc. O livro 2 expõe uma teoria do conhecimento baseada no fenômeno visual e explica como a radiação física se transforma em impressões visuais no sistema que contém o olho, os nervos ópticos e o cérebro. O terceiro analisa o processo de visão com os dois olhos e erros de visão que podem ocorrer quando o objeto é muito brilhante ou muito pouco brilhante, se está próximo demais ou muito distante, ou quando o meio intermediário não é suficientemente transparente; analisa também a visão binocular. O livro 4 trata da reflexão, estudando espelhos planos, cilíndricos, cônicos e esféricos, tanto côncavos quanto convexos. O quinto livro analisa a formação e a posição de imagens no caso de reflexão e o sexto os erros de visão associados à reflexão, discutindo a distorção da imagem produzida por espelhos com diferentes formas. O sétimo e último livro estuda a refração da luz ao passar do ar para a água, do ar para o vidro e da água para o vidro, tanto em superfícies planas quanto esféricas, assim como os efeitos visuais da refração (Sabra, 1972; Smith, 2001, vol. 1, pp. xviii-xix). Alguns temas que al-Haytham tratou em outras obras não são abordados no *Kitāb al-Manāẓir*, como as propriedades dos focos de espelhos esféricos e parabólicos ou a formação do arco-íris.

---

[5] A palavra árabe *kitāb* significa livro; no contexto da Óptica árabe, *manāẓir* é o plural da palavra *manẓara* que significa o instrumento da visão ou aquilo pelo qual ocorre a visão (Sabra, 1972, nota 9). *Manẓara* vem do verbo *naẓara*, "olhar para".

## 5. OS RAIOS VISUAIS, A LUZ E O PROCESSO DE VISÃO

Uma parte da contribuição de Ibn al-Haytham consiste em criticar as teorias anteriores e, em especial, a hipótese dos raios visuais emitidos pelo olho. Sob esse aspecto, costuma-se considerar que a refutação apresentada por Avicenna é mais detalhada e completa (Lindberg, 1976, p. 61). Ao contrário do que se pode imaginar, nenhum deles provou que não saem raios dos olhos; mas Ibn al-Haytham mostrou que há muitos problemas em admitir sua existência e que a visão pode ser compreendida sem eles, portanto seria inútil utilizar essa hipótese. No Apêndice 3 ao final deste artigo, apresentamos uma tradução de trechos da argumentação de Ibn al-Haytham.

Al-Haytham discute a hipótese de que a visão poderia ocorrer através de raios visuais que saem do olho e atingem os objetos. Se esses raios não trazem nada de volta ao olho, então o olho não pode receber nenhuma influência; então, é necessário supor que esses raios trazem algo de volta; o olho não pode ver os objetos à distância, onde eles estão; o efeito visual só pode ocorrer no próprio olho. "O olho não percebe a luz e a cor no objeto a menos que alguma coisa venha até o olho, da luz e da cor do objeto", seja no caso em que o olho emita raios ou não (Lindberg, 1976, p. 63). Al-Haytham argumentou que as formas da luz e da cor do objeto atingem o olho através do meio transparente, bastando saber isso para compreender a visão; não é preciso supor que saem raios dos olhos. Assim, a hipótese de emissão dos raios é supérflua e inútil (Lindberg, 1976, p. 64).

Ele também critica a hipótese de emissão de raios de uma outra forma, semelhante à de Avicenna e outros autores. Se a visão fosse devida a alguma substância que saísse do olho, então, quando olhamos para as estrelas, essa substância deveria sair do olho e preencher todo o espaço entre a terra e o céu, sem que o olho fosse destruído, o que é absurdo. Se aquilo que sai do olho não é corpóreo, então não poderá perceber o objeto, pois só há percepção nas coisas corpóreas (Lindberg, 1976, p. 64). Al-Haytham não provou que não saem raios dos olhos; mas indicou que, se eles saem, não são capazes de produzir a visão, sendo inútil, portanto, utilizar essa hipótese.

Geralmente uma teoria não é derrubada porque tem defeitos (todas têm) e sim porque há uma teoria competidora que apresenta grandes vantagens de algum tipo. Por isso, mais importante do que a tentativa de refutação da teoria de emissão de raios é a defesa que al-Haytham fez de uma nova teoria.

As teorias de intromissão dos atomistas e de Aristóteles não davam conta dos aspectos visuais de perspectiva e da possibilidade de ver vários objetos ao mesmo tempo. Avicenna havia argumentado muito bem sobre a inviabilidade das teorias de emissão, mas não havia estabelecido a viabilidade da teoria de intromissão – na verdade, sugeriu que nenhuma teoria satisfatória havia ainda sido desenvolvida (Lindberg, 1976, p. 59). Um dos aspectos importantes foi considerar que cada ponto individual de um objeto emite raios que são captados pelo olho – ou seja, não é o objeto inteiro, como um todo, que afeta o olho diretamente ou o ar (Lindberg, 1976, p. 59). Embora este pareça um passo simples, ninguém antes dele havia proposto isso.

Essa parte de sua argumentação aparece em detalhe apenas na versão árabe de seu livro. Ibn al-Haytham defende, através de observações e argumentos, que cada ponto de um objeto iluminado ou luminoso emite luz e cor em todas as direções (uma ideia que já havia sido apresentada por al-Kindī). Para ele, as cores são entes reais e distintos da luz; estão presentes nos objetos coloridos e se irradiam deles para todos os lados, como a luz. Ele supõe que as cores poderiam se espalhar no ar na ausência da luz, mas experimentos mostram que elas sempre acompanham a luz. Todas as regras que se aplicam à luz também se aplicam às cores (Sabra, 1972). A abordagem de Ibn al-Haytham é fortemente experimental – como a de Ptolomeu também era, muitos séculos antes dele. No livro I, capítulo 3 de sua obra, al-Haytham apresenta numerosos experimentos envolvendo diversos dispositivos – como tubos, cordas, câmera escura – para defender a propagação retilínea de todos os tipos de luz: primária, secundária, refletida e refratada. Ele se refere em diversos pontos a experimentos realizados em um quarto escuro, nos quais observa a passagem de luz vinda do exterior através de uma pequena abertura, produzindo manchas luminosas na parede oposta. Nesses experimentos, no entanto, ele não observa imagens nítidas (como as que são produzidas por um pequeno orifício circular) e sim manchas irregulares, produzidas por uma fenda (como uma porta semicerrada). Em um desses experimentos, realizado à noite, ele colocou diversas velas fora do quarto e observou manchas correspondentes projetadas na parede interna; utilizou esse fato para concluir que as luzes e cores provenientes das diversas fontes luminosas podem se atravessar mutuamente, sem se misturar ou atrapalhar.[6]

Ele defende, em seguida, que a luz e as cores produzem efeitos no olho. Se o olho está diante de um corpo luminoso ou iluminado, separado dele apenas por uma substância transparente como o ar, a luz e a cor do objeto (ou suas formas) atingirão e penetrarão no olho. Uma luz muito brilhante (como a do Sol, ou a luz solar refletida por um espelho) pode produzir dor e dano ao olho. Além disso, o efeito de luzes brilhantes que atingem o olho tem certa duração: olhando para um lugar escuro depois de observar um corpo branco brilhante, não se consegue ver bem, durante algum tempo; seu olho conserva o efeito do objeto brilhante. Não faz diferença se a pessoa olhou para o Sol, o fogo, ou para um objeto fortemente iluminado, o efeito é o mesmo; e os objetos coloridos também produzem efeitos nos olhos que duram algum tempo. Tudo isso indica, segundo al-Haytham, que a luz e as cores produzem efeitos nos olhos

---

[6] Em nenhum ponto de suas obras al-Haytham comparou o olho a uma câmara escura, como se costuma afirmar. Em outra obra, sobre a forma dos eclipses, al-Haytham discutiu uma questão que já aparece na antiga obra *Problemata* atribuída a Aristóteles, sobre a imagem em forma de crescente produzida pelo Sol parcialmente eclipsado quando sua luz passa por um pequeno orifício. Ao estudar o fenômeno, al-Haytham proporcionou uma explicação geral sobre o princípio da câmara escura.

(Lindberg, 1976, p. 62). Esta argumentação de al-Haytham mostra que a luz e a cor afetam os olhos, mas não estabelece se o efeito é produzido pela radiação que vai do objeto para o olho, ou por um poder visual que sai do olho e vai até o objeto, captando seu brilho e a cor e então retornando esse efeito ao olho.

Como cada ponto dos objetos luminosos e iluminados emite luz e cores para todos os lados, e como a luz e a cor produzem efeitos nos olhos, Ibn al-Haytham defendeu que a visão da cor dos objetos visíveis e da luz só ocorre através das formas da luz e da cor que chegam até o olho, a partir da superfície dos objetos (Lindberg, 1976, p. 63). Ou seja: ele está defendendo uma teoria de intromissão, semelhante à de Aristóteles, porém com novos argumentos e detalhes. Um dos aspectos importantes foi considerar que cada ponto individual de um objeto emite raios que são captados pelo olho – ou seja, não é o objeto inteiro, como um todo, que afeta o olho diretamente ou o ar. Embora este pareça um passo simples, ninguém antes dele havia proposto isso.

> Como foi demonstrado que o ar e os corpos transparentes recebem a forma do objeto visível e a transmitem ao olho e a todos os corpos diante dele, aquilo que eles conjeturam que retorna algo do objeto visível para o olho nada mais é do que o ar e os corpos transparentes entre o olho e o objeto da visão. [...] E como o ar e os corpos transparentes fazem isso sem exigir que algo saia do olho e, além disso, como o ar e os corpos transparentes estão estendidos entre o olho e o objeto visível, sem lacunas, é inútil supor que alguma outra coisa retorne algo do objeto de visão ao olho. Portanto, é inútil dizer que os raios existem. (Ibn al-Haytham, *apud* Lindberg, 1976, p. 65)

Um dos grandes sucessos da teoria dos raios visuais tinha sido a explicação de fenômenos de perspectiva e dos espelhos. Ibn al-Haytham admitiu isso e considerou que o uso de raios retilíneos é adequado, desde que se admita que são imaginários, ou seja, meras construções geométricas, sem realidade física. E se são imaginários, por que supor que saem dos olhos e não dos objetos? (Lindberg, 1976, p. 66). Invertendo a interpretação de Euclides e Ptolomeu e supondo que a luz caminha em linha reta dos objetos até os olhos, Ibn al-Haytham foi capaz de aproveitar todas as análises geométricas antigas e integrá-las à sua nova teoria. Adicionou também, em sua obra, muitos experimentos sobre reflexão e refração relativos à luz (e não à visão).[7]

## 6. O OLHO E A VISÃO, SEGUNDO IBN AL-HAYTHAM

Uma das vantagens da teoria de al-Haytham é integrar as abordagens anatômica, física (filosófica) e matemática. Sob o ponto de vista anatômico, al-Haytham manteve praticamente a mesma descrição do olho que havia sido apresentada por Galeno, Hunain e ‘Ali ibn ‘Isa. Introduziu, no entanto, algumas novidades, impondo um modelo geométrico na anatomia ocular. Argumentou que todas as partes do olho possuem superfícies esféricas e que o centro de todas essas superfícies (exceto da uvea e a superfície posterior do cristalino) coincide em um mesmo ponto, no centro do olho. Assim, todas as superfícies pelas quais a luz deve passar antes de sair do cristalino seriam concêntricas e sua posição não mudaria quando o olho se move para um lado ou para o outro. Este é um esquema altamente idealizado e foi inspirado pela teoria de visão de al-Haytham, e não por observações (Lindberg, 1976, p. 69). Como seus antecessores, al-Haytham supunha que a parte sensível do olho era o cristalino (“humor glacial”), argumentando que se este for danificado, mesmo se as outras estruturas do olho permanecerem perfeitas, a visão é destruída; e que se as outras estruturas forem danificadas mas sua transparência e o cristalino forem mantidos, a visão não é destruída. Al-Haytham supõe que

---

[7] Ptolomeu já havia apresentado experimentos a respeito de reflexão e refração, mas interpretava os fenômenos como sendo associados aos raios visuais e não à luz.

a substância transparente do olho assume as qualidades do objeto visível e, assim, possibilita a visão. Afirma que o "humor glacial" (cristalino), sendo transparente, pode receber as formas; no entanto, como é denso, as formas não passam livremente por ele. Assim, as formas (luz e cor) se fixam na sua superfície. Então, o "humor glacial" percebe a forma na sua superfície e essa sensação é sentida pela pessoa.

Um dos pontos essenciais da teoria de al-Haytham é a ideia de que cada ponto de um corpo luminoso ou iluminado irradia luz e cor para todas as direções, seguindo linhas retas – algo que já havia sido afirmado por al-Kindi (Lindberg, 1976, p. 73). Isso, no entanto, cria um problema para sua teoria de visão. Toda a superfície do cristalino recebe luz e cor de cada um dos pontos do objeto que está diante dele. Então, como pode ser percebida uma imagem nítida?

Nem Ibn al-Haytham, nem qualquer outro autor do período medieval, pensava que o cristalino formava uma imagem na retina e que a parte sensível do olho era a retina (e não o cristalino). Assim, sem conhecer um mecanismo de formação de imagem desse tipo, tornava-se muito difícil compreender a visão.

A solução encontrada por al-Haytham é muito diferente da que aceitamos hoje em dia, porém era plausível, na época. Ele se baseou na propriedade de refração da luz: quando a luz incide perpendicularmente na superfície de separação entre dois meios, ela passa sem se desviar; quando incide obliquamente, ela sofre um desvio. Assim, os raios luminosos que chegam perpendicularmente à superfície do cristalino possuem uma característica especial. Al-Haytham concluiu que apenas os raios que chegam de um objeto perpendicularmente à superfície do cristalino produzem efeitos visuais e isso é o que permite uma visão nítida dos objetos: de cada ponto luminoso ou iluminado do objeto, um único raio atinge a retina perpendicularmente e apenas esse raio transmite as propriedades de luz e cor desse ponto (Lindberg, 1976, pp. 74-75). Al-Haytham esclareceu este ponto através de uma analogia: uma espada penetra mais facilmente em uma superfície quando a atinge perpendicularmente; e uma bola atravessa mais facilmente uma superfície quando a atinge perpendicularmente. No entanto, al-Haytham não tem nenhum argumento razoável para mostrar que os raios que são defletidos não podem produzir efeitos visuais.

É curioso que o próprio al-Haytham, no final de sua obra, descreve um experimento que refuta essa suposição. Fechando um dos olhos, ele colocou um pequeno objeto diante do outro. Notou que ainda conseguia ver as coisas que estavam atrás desse pequeno objeto, embora de forma menos distinta. Como essas coisas não poderiam estar sendo vistas por raios perpendiculares ao cristalino, era necessário concluir que estavam sendo observadas através de raios refratados. Ele tentou conciliar esse experimento com sua teoria da visão, sem muito sucesso, no entanto.

Embora a justificativa não seja excelente, a solução encontrada por al-Haytham tem uma enorme vantagem, pois permite combinar a hipótese de intromissão com toda a óptica geométrica que havia sido desenvolvida tratando de raios visuais (Lindberg, 1976, p. 78). Essa proposta superou, assim, as limitações das teorias dos atomistas e de Aristóteles.

Embora a justificativa não seja excelente, a solução encontrada por Ibn al-Haytham tem uma enorme vantagem, pois permite combinar a hipótese de intromissão com toda a óptica geométrica que havia sido desenvolvida tratando de raios visuais. Essa proposta supera, assim, as limitações das teorias dos atomistas e de Aristóteles. A formação de uma imagem no olho, na qual cada ponto do objeto corresponde a um e só um ponto da imagem é essencial na teoria de Ibn al-Haytham e nas teorias posteriores, como a de Kepler.

A teoria de Ibn al-Haytham tem pontos fracos, comparados com a teoria dos raios visuais. Nesta, a percepção da distância até os objetos era percebida pelo comprimento dos raios visuais, que estão conectados ao olho da pessoa e que sentem essa distância. No caso da teoria de Ibn al-Haytham, os raios de luz não permitem determinar a distância de onde vieram até o olho. Por isso, ele desenvolveu uma complexa análise psicológica (e não física ou fisiológica) para tentar explicar a percepção de distância.

## 7. INFLUÊNCIA DA OBRA DE IBN AL-HAYTHAM

Embora possamos considerar a teoria de al-Haytham como superior a todas as anteriores, ela não as substituiu imediatamente. Alguns autores islâmicos posteriores continuaram e adotar as hipóteses anteriores. Muḥammad Ibn 'Aḥmad Ibn Rušd (1126-1198), conhecido no ocidente como Averroes, foi o mais influente comentador de Aristóteles. Nas obras em que se refere à visão, em diversos pontos ele se afasta de Aristóteles e utiliza elementos da teoria de Galeno. No entanto, não adotou a teoria de Ibn al-Haytham (Lindberg, 1976, pp. 52-57).

A obra de Ibn al-Haytham não teve impacto imediato no mundo islâmico, sendo pouco mencionada até o início do século XIV. Em torno de 1300 d.C., cerca de 250 anos após sua composição, o *Kitāb al-Manāẓir* começou a despertar o interesse dos pesquisadores árabes, especialmente após a elaboração do estudo do autor persa Kamāl al-Dīn al-Farisi, intitulado *Tanaīh al-Manāzir*, ou seja, Paráfrase do al-Manazir (Smith, 2001, vol. 1, p. xix; Sabra, 1972; Sabra, 2007).

Na Europa, a partir de meados do século XIII, a obra de al-Haytham foi traduzida para o latim e começou a ser conhecida na Europa, com o título *De Aspectibus* (Lindberg, 1968). Muitos autores supõem que a primeira tradução foi feita por Gerard de Cremona, no final do século XII. Uma tradução latina já estava circulando na Europa aproximadamente em torno de 1220 ou 1230. O trabalho de al-Haytham foi citado várias vezes na obra *De proprietatibus rerum* de Bartholomaeus Anglicus, que parece ter sido escrita na década de 1240. A partir de 1260 ganhou maior popularidade, sendo citado na *Perspectiva* de Roger Bacon (aproximadamente 1265), na *Perspectiva* de Witelo (aprox. 1275) e na *Perspectiva communis* de John

Pecham (aprox. 1280). Há nove manuscritos latinos conhecidos da obra, que datam do século XIII (Smith, 2001, vol. 1, pp. xx-xxi; Lindberg, 1976, pp. 86, 104).

Houve pelo menos dois tradutores, um deles (talvez Gerard de Cremona) proporcionando uma tradução tão literal quanto possível do original árabe, enquanto o outro (desconhecido) produziu mais uma paráfrase do que tradução (Smith, 2001, vol. 1, p. ix). Por algum motivo desconhecido até hoje, as traduções latinas não incluem os três primeiros capítulos do primeiro livro do texto árabe, que traziam uma parte importante da argumentação de al-Haytham a respeito do processo de visão por intromissão (Sabra, 1972).

O texto latino foi publicado pela primeira vez em 1572, em Basel, por Frederick Risner, em um volume intitulado *Opticae thesaurus*. Porém, nos séculos anteriores, já havia circulado amplamente sob forma manuscrita. Nos manuscritos latinos, o título da obra é indicado como *De Aspectibus* e o nome do autor aparece como Alhacen (uma forma latina de al-Hasan), ou Hacen, Alacen, Achen. A forma ‘Alhazen’ foi introduzida apenas no século XVI, quando o texto foi publicado por Friedrich Risner (Smith, 2001, vol. 1, p. xxii). A edição de Risner se baseou em manuscritos pouco confiáveis, mudou a redação, introduziu divisões novas e interpolou fontes e citações (Smith, 2001, vol. 1, pp. x-xi). Apesar de não ser fiel ao original, foi a principal fonte de consulta na Europa, a partir de então, para o estudo do pensamento de Ibn al-Haytham (Vescovini, 1990). Os autores europeus do século XVI e início do século XVII que escreveram sobre óptica ainda estavam diretamente influenciados por al-Haytham.

Foi Johannes Kepler quem, no início do século XVII, realizou uma nova revolução no que se refere ao processo visual. Ele aceitou que cada ponto dos objetos visíveis emite luz e cor para todos os lados e que a luz e a cor se propagam em linha reta, atingindo o olho e produzindo a visão; porém, negou que o cristalino fosse a parte sensível do olho, defendendo que esse papel era desempenhado pela retina; e abandonou a ideia de formação de uma réplica dos objetos no cristalino, substituindo-a pela de formação de uma imagem na retina, pelo cristalino, que atua como uma lente (ver Lindberg, 1976). Atualmente aceitamos, em grande parte, a interpretação de Kepler; mas o trabalho de Ibn al-Haytham foi um passo muito importante para a compreensão do processo de visão.

## 8. COMENTÁRIOS FINAIS

A contribuição de Ibn al-Haytham para a teoria da visão foi fundamental e teve enorme influência em todo o desenvolvimento posterior da Óptica. O estudo deste episódio nos ensina a valorizar os pesquisadores da Idade Média e também a perceber que houve avanços científicos importantes no mundo islâmico, o que nos ajuda a romper com a visão eurocêntrica da história da ciência. Porém, devemos ter o cuidado de não interpretar de forma anacrônica e exagerada aquilo que al-Haytham propôs. Em primeiro lugar, ele não *provou* que a visão é produzida pela luz captada pelos olhos – apenas argumentou que os raios visuais não eram uma boa explicação e que seria *plausível* que a visão fosse devida à luz. Em segundo lugar, ele não compreendeu a formação de imagens dentro do olho (na retina), adotando um ponto de vista muito diferente: que a imagem se formava na superfície do olho, pelos raios luminosos que a atingiam perpendicularmente. Foi preciso esperar mais cinco séculos para o surgimento de uma teoria mais satisfatória a respeito da visão, com Johannes Kepler.

## AGRADECIMENTOS

O autor agradece o apoio recebido da Fundação de Amparo à Pesquisa do Estado de São Paulo (FAPESP) e do Conselho Nacional de Desenvolvimento Científico e Tecnológico (CNPq) durante a elaboração da presente pesquisa histórica.[8]

---

[8] Nesse período, o autor era pesquisador visitante do Instituto de Física de São Carlos (USP) e professor visitante do Programa de Pós-Graduação em Ciência, Tecnologia e Sociedade da UFSCar.

## REFERÊNCIAS BIBLIOGRÁFICAS

AL-HAYTHAM, Abū 'Alī al-Ḥasan ibn al-Ḥasan ibn. *Opticae thesaurus Alhazeni arabis libri septem, nunc primum editi. Eiusdem liber De crepusculis et nubium ascensionibus. Item Vitellonis Thuringopoloni libri X*. Ed. e trad. Friedrich Risner. Basileae: per Episcopios, 1572.

AL-KINDĪ, Ya'qūb ibn Isḥāq. *De radiis. Teorica delle arti magiche*. Ed. e trad. Ezio Albrile, Stefano Fumagalli. Milano: Mimesis Edizioni, 1995.

AL-KINDĪ, Ya'qūb ibn Isḥāq. *De radiis: théorie des arts magiques*. Trad. Didier Ottaviani. Paris: Editions Allia, 2003.

HALSEY, Charles Storrs. *An etymology of Latin and Greek*. Boston: Ginn Heath, 1889.

IBN SINA, Abū 'Alī al-Ḥusayn ibn 'Abd Allāh. *Avicenne. Livre de science*. Trad. Mohammad Achena e Henri Massé. Paris: Belles Lettres, 1958. 2 vols.

IERODIAKONOU, Katerina. Empedocles on colour and colour vision. *Oxford Studies in Ancient Philosophy* **29**: 2-37, 2005.

IERODIAKONOU, Katerina. On Galen's theory of vision. *Bulletin of the Institute of Classical Studies*. Supplement 114: 235–247, 2014.

IERODIAKONOU, Katerina. Hellenistic theories of vision. Pp. 227-250, in: HOLMES, Brooke; FISCHER, Klaus-Dietrich (eds.). *The frontiers of ancient science*. Essays in honor of Heinrich von Staden, Berlin : Walter de Gruyter, 2015.

KLEINEDLER, Steven (ed.). *The American Heritage Science Dictionary*. Boston: Houghton Mifflin, 2005.

LINDBERG, David. Alhazen's theory of vision and its reception in the west. *Isis*, **58**: 321-341, 1968.

LINDBERG, David C. *Theories of vision from al-Kindi to Kepler*. Chicago: University of Chicago Press, 1976.

MARTINS, Roberto de Andrade; SILVA, Ana Paula Bispo da. Princípios da óptica geométrica e suas exceções: Heron e a reflexão em espelhos. *Revista Brasileira de Ensino de Física*, **35** (1): 1605-1–1605-9, 2013.

RASHED, Roshdi. Ibn Al-Haytham (Alhazen). Pp. 1090-1093, in SELIN, Helaine (ed.). *Encyclopaedia of the history of science, technology, and medicine in non-western cultures*. Berlin: Springer-Verlag, 2008.

RUDOLPH, Kelli. Sight & the Presocratics: approaches to visual perception in early Greek philosophy. Pp. 36-53, in: SQUIRE, Michael (ed.). *Sight and the ancient senses*. New York: Routledge, 2015.

SABRA, Abdelhamid I. Ibn al-Haytham. Vol. 6, pp. 189–210, in: GILLISPIE, Charles Coulston (ed.). *Dictionary of scientific biography*. New York: Charles Scribner's Sons, 1972.

SABRA, Abdelhamid I. The "Commentary" that saved the text. The hazardous journey of Ibn al-Haytham's Arabic Optics. *Early Science and Medicine*, **12** (2): 117-133, 2007.

SABRA, Abdelhamid I. *The Optics of Ibn al-Haytham. Books I-II-III: On direct vision*. English Translation and Commentary. 2 vols. (Studies of the Warburg Institute 40) London: The Warburg Institute, University of London, 1989.

SIEGEL, Rudolph E. Theories of vision and color perception of Empedocles and Democritus; some similarities to the modern approach. *Bulletin of the History of Medicine*, **33** (2): 145-159, 1959.

SMITH, A. Mark. *Alhacen's theory of visual perception*. A critical edition, with English translation and commentary, of the first three books of Alhacen's *De Aspectibus*, the Medieval Latin version of Ibn Al-Haytham's *Kitab Al-Manazir*. 2 vols. Philadelphia: American Philosophical Society, 2001.

VESCOVINI, G. Federici. La fortune de l'optique d'ibn al-Haitham: le livre 'De aspectibus (Kitab al-Manazir)' dans le moyen-âge latin. *Archives Internationales d'Histoire des Sciences*, **40** (125): 220-238, 1990.

## APÊNDICE 1: TRECHOS DA OBRA DE AL-KINDĪ SOBRE A EMISSÃO DE RAIOS

Apresento aqui a tradução de alguns trechos do *De radiis* de Ya'qūb ibn Isḥāq Al-Kindī. Esta obra só é conhecida em sua versão latina – o texto original, em árabe, foi perdido. A tradução se baseou em duas versões diferentes (Al-Kindi, 1995; Al-Kindi, 2003).

*De Radiis, livro II*

1 Cada estrela tem de fato sua natureza própria e seus modos de ser em que está contida, entre outras, a projeção de raios. E, da mesma maneira que cada uma tem sua natureza própria, que não pode ser encontrada totalmente em nenhuma outra e na qual está contida a emissão de raios, do mesmo modo esses raios são de natureza diferente nas diferentes estrelas, como as próprias estrelas são diferentes segundo sua natureza. [...]

3. Além disso, um raio de luz diferente muda o efeito dos raios como também o fazem as outras propriedades diferentes das estrelas. É por isso que cada estrela produz um efeito diferente, em lugares e coisas diferentes, por menores que sejam essas diferenças. Isso vem do fato de que a operação das estrelas procede totalmente por raios, que eles mesmos variam em função da variação da radiação de luz. [...]

6. A razão conclui igualmente que os raios das estrelas, em uma mesma coisa composta por elementos, produz efeitos diferentes nessa coisa em função da natureza variada de seus componentes. De fato, quando os raios do Sol iluminam uma coisa escura, como o corpo humano, eles permanecem na superfície sobre a qual são refletidos sob o ponto de vista da cor. Sob o ponto de vista do calor, eles se introduzem no próprio corpo e o aquecem. E, sob o ponto de vista da natureza vivificante que eles também possuem, eles reforçam o espírito humano. Ocorre o mesmo, como parece verossímil, com as outras realidades que não se manifestam nesse ponto à sensação.

*De Radiis, livro III*

1. Portanto, como o mundo dos elementos é uma imagem do mundo sideral, assim, toda coisa que ele contém, contém sua forma e, portanto, é claro que cada coisa desse mundo, seja substância ou acidente, emite raios como os astros, de seu modo; se não fosse assim, esse mundo não representaria plenamente o mundo sideral.

2. Isso se manifesta em certos casos à sensação. De fato, o fogo transmite os raios de calor aos lugares que estão próximos, e a terra os raios de frio. Vemos também os remédios ingeridos ou aplicados exteriormente difundirem o poder curativo de seus raios através do corpo de quem os toma. A colisão de corpos também produz um som que, de sua maneira, se difunde para todos os lados por raios, e cada coisa colorida emite seus raios graças aos quais ela é vista. Isso também é conhecido perfeitamente em numerosos outros casos, e é por isso evidente à razão que isso é verdade sempre, em todos os casos.

3. Assim sendo, dizemos que tudo o que existe realmente no mundo dos elementos emite raios em todas as direções, que preenchem de certo modo todo o conjunto do mundo. Segue-se que cada lugar deste mundo contém os raios de todas as coisas que aí existem em ato e, como as coisas diferem umas das outras, da mesma forma os raios de cada uma delas diferem dos de todos os outros pelo efeito e pela natureza; por esse fato, a ação dos raios em cada coisa em particular é diferente.

4. Além disso, a distância de uma coisa a outra produz uma diferença no efeito dos raios sobre as coisas desse mundo.

## APÊNDICE 2: TRECHOS DA ARGUMENTAÇÃO DE IBN SĪNĀ SOBRE A VISÃO

Este apêndice apresenta uma parte da argumentação de Avicena, ou Abū 'Alī al-Ḥusayn ibn 'Abd Allāh Ibn Sīnā, contra a hipótese dos raios visuais. A tradução foi realizada a partir de uma versão em francês (Ibn Sina, 1958, vol. 2, p. 58).

*Exame da opinião vã dos antigos sobre a visão.*

Há divergência sobre o tema do que é a visão.

Daqueles que precederam Aristóteles, o grande Filósofo, um grupo imaginou que do olho emanam um raio e uma claridade que atingem uma coisa, tocam-na e a veem. Ideias absurdas: que olho poderia conter tantos raios que vissem a metade do universo, do céu à Terra?

Depois alguns físicos, que preferiam ensinar essa doutrina, mas escapando desse absurdo, disseram: "Como emana do olho um pequeno raio que se mistura intimamente ao do ar, esse raio do ar torna-se órgão da visão, e o olho vê através dele". Segundo absurdo! De fato, se o ar se tornasse dotado de visão unindo-se a esse raio [do olho], deveria acontecer que, quando os homens se reunissem em grupo, eles dessem ao ar uma faculdade de visão mais forte. Portanto, o homem de visão fraca deveria ver melhor em companhia de seus amigos do que quando estivesse sozinho. [Além disso] se o ar tivesse o poder de visão somente por trazer ao raio [do olho] a imagem da coisa a ser vista, de que serviria que esse raio saísse [do olho]? Como o próprio ar está em contacto com o olho, ele transmitiria por si só [a imagem] ao olho, de tal forma que o raio não precisaria sair, já que esse raio é ou substância corporal ou acidente; se ele é acidente, ele não pode se transportar de um lugar a outro; se ele é uma substância corporal, seria necessário que ele se difundisse no ar; portanto, deveríamos captar a imagem da coisa decomposta, e não composta.

Se o raio [do ar] não tivesse contacto com o olho, o absurdo seria pior. De fato, não tendo contacto, ele seria uma coisa separada.

Se ele fosse como uma linha contínua, seria necessário que o vento ou um outro motor o colocasse em movimento, e ele cairia em outro lugar; portanto, quando o vento soprasse [ou pela intervenção de algum outro meio] o olho veria algo que não está à sua frente.

Se alguma coisa emanasse do olho e tomasse contacto com a coisa a ser vista, dever-se-ia perceber as dimensões dessa coisa, e não vê-la menor quando estivesse mais afastada, a menos que tocasse apenas algumas partes. Ora, não ocorre assim, pois se vê a coisa toda, e às vezes até ela é vista maior do que é. Portanto, não se vê a coisa na sua medida correta, e vê-se menor e reduzida [quando está longe]. Ora, segundo a doutrina de Aristóteles, há uma causa evidente para vermos uma coisa menor, como vamos recordar adiante. É surpreendente que essas pessoas falem também dessa causa, embora ela não concorde com o princípio que eles mantêm.

## APÊNDICE 3: TRECHOS DO LIVRO 1 DO *KITĀB AL-MANĀẒIR*

Apresento a seguir a tradução de algumas passagens da obra de Ibn al-Haytham, para que os leitores possam apreciar o estilo de sua argumentação a respeito do processo de visão. A tradução foi realizada a partir do texto em latim, com apoio da tradução em inglês (Al-Haytham, 1572; Smith, 2001).

4.1 Encontramos que quando nossa visão se fixa sobre fontes de luz muito fortes, ela sofre uma dor intensa e é prejudicada por elas, pois quando um observador olha para o corpo do Sol, ele não consegue fazê-lo direito, pois sua visão sofre com sua luz. Pelo mesmo motivo, quando ele olha para um espelho polido atingido pela luz do Sol, e seu olho é colocado em um ponto para o qual a luz daquele espelho é refletida, sua visão também sofre pela luz refletida que atinge seu olho pelo espelho, e ele não consegue abrir seu olho para olhar para aquela luz.

4.2 Além disso, encontramos que quando um observador olha para um corpo branco puro iluminado pela luz solar, e fica olhando durante algum tempo, então desloca sua visão para um lugar escuro ou fracamente iluminado, ele dificilmente distingue os objetos visíveis naquele lugar. Em vez disso, parece-lhe como se houvesse uma cortina entre ele e esses objetos. Assim, também, quando um observador olha para um fogo forte e continua a olhar para ele durante um longo tempo, se então deslocar seu olhar para um lugar escuro, fracamente iluminado, ele terá o mesmo efeito visual.

4.3 Encontramos também que, quando um observador olha para um corpo branco puro iluminado pela intensa luz do dia, mesmo se não receber diretamente luz solar, se ele continuar a olhar para esse corpo por algum tempo e então deslocar sua visão para um lugar escuro, ele verá a forma de sua luz, assim como sua forma, naquele lugar escuro. Se ele então fechar seus olhos e olhar durante algum tempo, verá a forma dessa luz no olho. Com o tempo esse efeito se desgasta, e sua visão retorna ao estado normal. A mesma coisa acontecerá à sua visão quando olhar para um objeto iluminado pela luz solar. [...]

4.5 Todos esses fatos indicam, portanto, que a luz pode afetar a visão de algum modo.

4.6 [...] Se ele olhar para um objeto que é colorido de azul, ou vermelho, ou qualquer outra cor brilhante iluminada pela luz do Sol e continuar a olhar para ele, e depois deslocar sua visão para objetos brancos que estejam em um lugar fracamente iluminado, ele verá suas cores misturadas com a tonalidade original.

4.7 Esses exemplos indicam, portanto, que as cores iluminadas podem afetar a visão. [...]

4.27 E como a luz forte de objetos visíveis às vezes impede a visão de algumas características possuídas por certas entidades visíveis, e em outros casos revela certas características possuídas por algumas entidades visíveis, e como a luz fraca de objetos visíveis às vezes revela a visão de algumas características possuídas por certas entidades visíveis, e em outros casos oculta certas características possuídas por algumas entidades visíveis, e como as cores de objetos coloridos algumas vezes são alteradas por variação da luz que brilha sobre eles, e como a luz forte brilhando sobre o olho algumas vezes impede a visão de distinguir certos objetos visíveis, e como em todos esses exemplos a vista apesar disso não percebe nada dos objetos visíveis a menos que eles estejam iluminados, a forma do objeto visível que a visão percebe depende completamente da luz que aquele objeto visível possui, assim como da luz que brilha sobre os olhos quando aquele objeto visível é percebido, e da que ilumina o meio aéreo entre os olhos e o objeto visível. [...]

6.1 Já foi mostrado antes que a luz emana de todas as direções de qualquer corpo luminoso, seja como ele estiver iluminado. Assim, quando o olho está diante de qualquer objeto visível que brilha com algum tipo de iluminação, a luz desse objeto visível brilhará sobre a superfície do olho. E foi mostrado que é uma propriedade da luz afetar a visão, enquanto faz parte da natureza da visão ser afetada pela luz. É, portanto, adequado dizer que a visão sente a luminosidade de um objeto visível apenas através da luz que brilha dele sobre o olho.

6.2 Também foi mostrado antes que a forma da cor de qualquer corpo colorido que brilha com qualquer tipo de iluminação sempre se mistura com a luz que brilha para todas as direções desse corpo, e luz e a forma da cor sempre correspondem uma à outra. Portanto, como a forma da cor do objeto visível sempre coexiste com a luz brilhando do objeto visível para o olho, e como a luz e a cor atingem juntas a superfície do olho, e como a visão sente a cor que está nos objetos visíveis por meio da luz que brilha sobre ela do objeto visível, é bastante adequado dizer que a visão sente a cor do objeto visível apenas pela forma dessa cor que atinge o olho junto com a luz. [...]

6.27 [...] Como a forma da luz e a da cor se irradiam de cada ponto sobre a superfície de um corpo colorido e iluminado ao longo de toda reta que pode ser estendida daquele ponto a qualquer outro ponto diante daquele corpo colorido e iluminado, a forma da luz e da cor da superfície daquele corpo se irradia de qualquer corpo sobre a superfície daquele corpo para aquele ponto diante dele em uma linha reta que se estende entre aquele mesmo corpo e aquele ponto. A forma da luz e da cor de qualquer corpo colorido que está iluminado de alguma forma se estende, assim, de sua superfície para qualquer ponto diante daquela superfície ao longo de uma linha contida pelo cone que está formado entre aquele ponto e a superfície. E a forma será disposta dentro daquele cone de acordo com as linhas que se interceptam naquele ponto, que forma o vértice do cone, e esse arranjo será o mesmo que o arranjo dos pontos de cor sobre a superfície do corpo.

6.28 Assim, se o olho está diante de qualquer objeto visível, pode-se conceber um cone formado entre o ponto que representa o centro do olho e a superfície do objeto visível, sendo o vértice do cone o centro do olho e sua base sendo a superfície do objeto visível. E se o ar entre esse objeto visível e o olho for contínuo, e se não houver qualquer corpo opaco interposto entre esse objeto visível e o olho, e se esse objeto visível estiver iluminado de algum modo, então as formas da luz e da cor sobre a superfície do objeto atingirão o olho através de uma linha contida por esse cone. E a forma de todo ponto sobre a superfície daquele objeto visível se irradiará ao longo da reta que conecta aquele ponto e o vértice do cone, que está no centro do olho. [...]

6.45 Vamos agora resumir o que pode ser concluído a partir de tudo o que dissemos.

6.46 E digamos que a visão sente a luz e a cor na superfície de um objeto visível através da forma de ambos, luz e cor, que se estende da superfície do objeto visível através do meio transparente que está entre o olho e o objeto visível, e a visão percebe a forma dos objetos visíveis apenas através das linhas retas que se estendem entre o objeto visível e o centro do olho. E foi mostrado que isso é possível, e não impossível. [...]

6.51 Agora poderíamos alegar que o meio transparente recebe algo do olho e o transmite ao objeto visível, de tal modo que a sensação surge da extensão dessa coisa entre o olho e o objeto visível. Esta é a opinião dos proponentes dos raios.

6.52 De acordo com isso, suponhamos que assim ocorre e que saem raios do olho e passam pelo meio transparente para alcançar o objeto visível, e que a sensação ocorre por meio desses raios. Mas se a sensação ocorre desse modo, eu pergunto se algo é transmitido de volta aos olhos através desses raios ou não. Por um lado, se a sensação ocorre por meio de raios, mas eles nada transmitem de volta para o olho, então a visão nada perceberá. Por outro lado, a visão sente o objeto visível, e se sente o objeto visível apenas por meios dos raios, então esses raios que sentem o objeto visível transmitem algo de volta para o olho por meio do qual a visão sente o objeto visível. No entanto, se os raios transmitem algo de volta para os olhos por meio do qual a sensação visual do objeto visível ocorre, então a visão sentirá a luz e a cor no objeto visível apenas por meio de algo que vem da luz e da cor no objeto visível para o olho, e os raios devem transmiti-lo. Sob qualquer hipótese, então, a visão só ocorrerá por meio de alguma propriedade visível que atinge o olho do objeto visível, independentemente de saírem raios do olho.

6.53 Ora, já foi mostrado que a visão só ocorre através da transparência do meio entre o olho e o objeto visível, e não ocorre quando o meio entre eles não é transparente. [...] Assim sendo, como dissemos, e como foi mostrado que as formas da luz e da cor em um objeto visível atingem o olho quando ele está diante do olho, então aquilo que vem até o olho do objeto visível para proporcionar um meio pelo qual ele percebe a luz e a cor no objeto visível, sejam quais forem as circunstâncias, é exatamente esta forma, e apenas ela, quer saiam raios do olho ou não.

6.54 E já foi mostrado que as formas da luz e da cor são geradas continuamente no ar e em todos os corpos transparentes, e essas formas se estendem continuamente pelo ar e pelos corpos transparentes em várias direções, esteja o olho presente ou não. Portanto, a saída de raios é supérflua e inútil. Assim, o olho sente a luz e a cor do objeto visível apenas pela forma que vem da luz e da cor no objeto visível. [...]

6.56 Agora que isso foi demonstrado, resta-nos considerar a opinião dos proponentes dos raios e mostrar o que é falso e o que é verdadeiro naquela opinião. Assim, diremos que se a visão resulta de alguma coisa que passa do olho para o objeto visível, então essa coisa ou é corpórea ou não é. Se for corpórea, então, quando olhamos para o céu e vemos as estrelas, naquele mesmo momento uma substância física deve fluir de nossos olhos enchendo o espaço entre os céus e a terra sem que o olho diminua de nenhum modo; mas isso é ilógico. Portanto, a visão não pode ser devida à emissão de alguma substância física pelo olho para o objeto visível. Mas se aquilo que é emitido do olho não é corpóreo, ele não sentirá o objeto visível, pois a sensação só pode ocorrer em corpos. Assim nada sai do olho para o objeto visível para sentir aquele objeto.

6.57 É óbvio que a visão ocorre pelo olho. Assim sendo, se a visão percebe um objeto visível apenas quando algo sai do olho para o objeto visível, mas aquilo que sai não sente o objeto visível, então aquilo que sai do olho para o objeto visível não transmite nada de volta para o olho para servir de meio através do qual ele pode perceber o objeto visível. A ideia de algo que sai do olho não se baseia em evidência empírica, mas em suposição, e nada deve ser suposto a menos que seja ditado pela lógica. No entanto, os proponentes dos raios os postulam porque encontraram que a visão percebe um objeto visível quando o olho e o objeto estão separados espacialmente. Mas é um preceito central entre os homens que a sensação não pode ocorrer sem contato, assim os proponentes dos raios visuais concluíram que a visão só ocorre por alguma coisa que sai do olho até o objeto visível e que sente o objeto visível onde ele está, ou que toma alguma coisa do objeto visível e a transmite de volta ao olho, e nesse momento o olho o sente.

6.58 Mas como um corpo sensível não pode sair do olho para o objeto visível, e como só um corpo pode sentir um objeto visível, a única opção deixada é supor que aquilo que sai do olho para o objeto visível toma algo do objeto visível e o transmite de volta para o olho. Mas já foi mostrado que o ar e outros objetos transparentes recebem a forma de um objeto visível e a transmitem para o olho e também para qualquer corpo que esteja diante do objeto visível, e assim o que se assume transmitir algo do objeto visível para o olho nada mais é do que o ar ou meio transparente entre o olho e o objeto visível. E como o ar e corpos transparentes transmitem algo do objeto visível para o olho, eles o transmitem em qualquer momento dado e sob todas as condições quando o olho está diante do objeto visível, sem necessidade de qualquer coisa que saia do olho. [...] Assim, a alegação de que os raios visuais existem é anulada.

# O FORMALISMO DA MECÂNICA CLÁSSICA, DE ARISTÓTELES A GALILEO

Roberto de Andrade Martins

**Resumo**: Da Antiguidade até o século XVII, os autores que se dedicaram ao desenvolvimento dos princípios da mecânica – como Aristóteles, Arquimedes e Galileo – não dispunham do formalismo algébrico com o qual representamos atualmente as leis da física. Utilizavam apenas razões e proporções e raciocínios empregando métodos geométricos. Este artigo expõe esse aspecto da história da mecânica, apresentando os aspectos relevantes da matemática grega e discutindo a possível utilidade do estudo dessa antiga abordagem no ensino de física.
**Palavras-chave**: história da física; história da mecânica; formalismo matemático; Aristóteles; Galileo Galilei

## 1. INTRODUÇÃO

A história da física costuma se concentrar nas ideias (teorias, hipóteses etc.) desenvolvidas no passado. Este artigo irá focalizar outro aspecto: o antigo formalismo empregado na mecânica clássica.

Hoje em dia, os livros didáticos sobre Mecânica utilizam constantemente equações escalares e vetoriais para representar as relações entre as grandezas físicas. Isso é tão familiar atualmente que pode parecer que sempre foi assim. A história, no entanto, é muito mais complicada. Até a época de Newton, *ninguém* escrevia equações para descrever as leis da física. A

MARTINS, Roberto de Andrade. *Ensaios sobre História e Filosofia das Ciências I*. Extrema: Quamcumque Editum, 2021.

"física matemática" era baseada apenas no uso de razões e proporções, sem fórmulas. Quando os livros didáticos apresentam as equações do movimento uniformemente acelerado e as atribuem a Galileo, elas utilizam uma notação que não existia no século XVII. Da mesma forma, quando as "leis de Newton" são apresentadas, elas utilizam uma notação que Newton nunca empregou – e que só se popularizou no século XVIII, após os trabalhos de Euler e outros autores. Os personagens da chamada "Revolução Científica" utilizavam métodos matemáticos antigos – não houve uma ruptura com o passado, sob esse aspecto. Aquilo que chamamos de "Mecânica Newtoniana" é, na verdade, o resultado de um trabalho coletivo que durou décadas, com contribuições de muitos autores, tanto anteriores a Newton (como Descartes e Huygens) como posteriores (como Euler e a Marquesa de Châtelet)[1].

Este artigo apresentará, em primeiro lugar, as dificuldades conceituais da matemática antiga para se pensar sobre produtos e divisões de grandezas (como, por exemplo, espaço dividido pelo tempo). Depois, mostrará como se desenvolveu a teoria matemática de proporções na Antiguidade e como ela era utilizada pelos pensadores antigos, como Aristóteles, para estudar fenômenos físicos. Veremos que, em muitos casos, essa técnica era acompanhada pelo uso de diagramas geométricos. Por fim, apresentará como a mesma técnica se manteve até Galileo, mostrando alguns exemplos de suas deduções.

Ao contrário do que ocorreu no desenvolvimento histórico, nossos estudantes aprendem a física, desde o início, utilizando fórmulas matemáticas envolvendo diversas grandezas, como velocidade, massa, força, aceleração etc. Pode ser que saltar a etapa histórica de raciocínios envolvendo razões e proporções, no desenvolvimento educacional, seja um erro. Muitos anos atrás, em um projeto educacional desenvolvido em colaboração com o professor Isaac Queiroz Jr., procuramos identificar e

---

[1] Os desenvolvimentos seguintes, a partir de Newton, serão abordados em outro artigo.

sanar falhas dos estudantes universitários, para que eles pudessem ter um melhor rendimento nos seus estudos sobre Física. Naquele projeto, criamos uma disciplina de um semestre que introduzia desde técnicas de leitura de textos até as estratégias de resolução de problemas matemáticos complexos (Martins, 1976a; Martins, 1976b). Em uma das etapas, os alunos aprendiam a trabalhar com raciocínios de proporcionalidade – e tinham enorme dificuldade em fazer isso. Depois de dominar essas técnicas elementares, no entanto, passavam a utilizá-las com facilidade e proveito na resolução de problemas da física. Talvez o ensino atual de Física possa se beneficiar com o estudo e aplicação do antigo método de razões e proporções.

## 2. AS LIMITAÇÕES DA ARITMÉTICA CLÁSSICA

Quando nós escrevemos $F = ma$ e outras equações mecânicas, não costumamos parar para pensar sobre o que significa multiplicar (ou dividir) uma grandeza física por outra. Na verdade, os conceitos de multiplicação e divisão que fazem parte da matemática desde a Antiguidade *não se aplicam* às equações físicas que utilizamos. Vamos explicar esse ponto.

O conceito primitivo de *multiplicação*, surgido com cálculos envolvendo números inteiros, corresponde ao de uma *soma repetida* (Boyer, 1968, p. 15; Smith, 1951, vol. 2, p. 102). Ou seja: $3 \times 4$, ou três multiplicado por quatro, é a mesma coisa que $3 + 3 + 3 + 3$, ou seja, o número 3 somado consigo mesmo quatro vezes. Embora $3 \times 4$ tenha o mesmo valor que $4 \times 3$, são coisas conceitualmente diferentes, porque no primeiro caso (3 multiplicado por quatro) estamos repetindo quatro vezes o número 3; no segundo (4 multiplicado por 3) estamos repetindo três vezes o número quatro.

O conceito clássico de multiplicação pode ser aplicado a grandezas concretas, em alguns casos. Por exemplo: podemos multiplicar por algum número abstrato uma certa quantidade de maçãs, de sapatos etc. Por exemplo: 4 sapatos multiplicados por 3 é uma operação válida, correspondente a 4 sapatos + 4 sapatos + 4 sapatos (ou seja, 4 sapatos somados 3 vezes) cujo valor corresponde a 12 sapatos. Porém, não se pode aplicar a multiplicação a duas quantidades concretas como, por exemplo, 3 sapatos × 4 maçãs. A mesma proibição se aplicava às grandezas acompanhadas de unidades – por exemplo, 3 polegadas × 4 libras era uma expressão que não fazia sentido.

Na matemática antiga existia uma única exceção para isso, referente à multiplicação de grandezas geométricas. Desde a Idade Média, considerava-se válido multiplicar um comprimento por outro comprimento, para encontrar a área de um retângulo, por exemplo (Smith, 1951, vol. 2, p. 103).

Limitações semelhantes existiam para a *divisão*, já que esta operação era considerada desde a Antiguidade como o inverso da multiplicação (Smith, 1951, vol. 2, p. 130). Se 3 × 4 = 12, então 12 ÷ 4 = 3. No caso dos números inteiros, pode-se descrever a divisão como uma operação que indica quantas vezes o denominador está contido no numerador; por exemplo: 12 ÷ 4 = 3 significa que 4 está contido 3 vezes em 12. O numerador de uma divisão pode ser um número concreto (por exemplo, 12 sapatos), mas o denominador deve, geralmente, ser um número abstrato. Pode-se dividir 12 sapatos pelo número 3, mas o inverso não tem significado. Aqui, novamente, a exceção que surgiu posteriormente foi a divisão de grandezas geométricas, aceitando-se a possibilidade de dividir um comprimento por outro (Smith, 1951, vol. 2, p. 130) e até mesmo um volume por uma área (produzindo um comprimento), um volume por um comprimento (produzindo uma área) ou uma área por um comprimento (produzindo um comprimento).

No caso de números concretos, ou *grandezas*, a matemática da Antiguidade não permitia sua divisão, mas introduziu o conceito de *razão*, que contornava essa dificuldade em muitos casos.

Vejamos um exemplo simples. Costumamos representar a lei das alavancas da seguinte forma:

$$F_1 L_1 = F_2 L_2$$

onde $F_1$ e $F_2$ são as forças aplicadas nas duas extremidades da alavanca e $L_1$ e $L_2$ são as distâncias dessas extremidades ao fulcro da alavanca. Essa equação utiliza a multiplicação de duas grandezas concretas, força e distância – o que é problemático, como vimos. Mas pode ser representada de outra forma:

$$\frac{F_1}{F_2} = \frac{L_2}{L_1}$$

Agora, em vez de produtos de grandezas físicas, esta é uma equação entre números abstratos – a divisão entre duas forças (que é um número) é igual à divisão entre dois comprimentos (que é um número).

Mesmo esse tipo de relação era proibido, na aritmética antiga. Porém, podia-se falar sobre a *razão* entre duas grandezas; e duas razões podiam ser comparadas. Era válido dizer, por exemplo, que a razão entre duas forças era proporcional à razão inversa de suas distâncias. Ou, utilizando uma notação que foi desenvolvida muito posteriormente:

$$F_1 : F_2 :: L_2 : L_1$$

Vejamos como essa abordagem se desenvolveu na matemática antiga.

## 3. A TEORIA GREGA DE RAZÕES E PROPORÇÕES

O quinto livro dos *Elementos* de Euclides apresenta uma teoria geral sobre comparação e proporções de grandezas de qualquer tipo. Atribui-se a origem dessas ideias a Eudoxos, contemporâneo de Platão; embora a organização dessa teoria, nos *Elementos*, seja considerada como de Euclides (Heath, 1956, vol. 2, p. 112; Heath, 1921, vol. 1, p. 325). Conjetura-se que a teoria de razões e proporções começou a ser desenvolvida por Pitágoras e seus seguidores, no estudo da música, porém envolvendo apenas grandezas que pudessem ser representadas por números inteiros ou racionais (Heath, 1921, vol. 1, p. 85). A proporção entre quatro termos considerada mais perfeita, ou “musical”, era a que podemos representar com notação mais recente sob a forma $a : (a + b)/2 :: 2ab/(a + b) : b$. Um exemplo numérico: 12 está para 9 como 8 está para 6 (Heath, 1921, vol. 1, p. 86). A teoria das razões e proporções, chamada em grego λογιστής (*logistes*) e de "logística"[2] por alguns autores atuais, era considerada na época de Platão como uma teoria matemática diferente da aritmética e da geometria (Fowler, 1979, pp. 810-811).

No quinto livro dos *Elementos*, Euclides define "razão" entre duas grandezas da seguinte forma: "Uma razão é um tipo de relação com respeito ao tamanho entre duas grandezas do mesmo tipo" (Heath, 1956, vol. 2, p. 116). Em grego, "razão" é λόγος (*logos*), uma palavra muito utilizada na filosofia antiga para representar o fundamento do pensamento. As grandezas eram chamadas de μέγεθος (*megethos*), que significa aquilo que pode ser medido ou que tem um tamanho. Grandezas de mesmo tipo ou homogêneas são indicadas em grego pela palavra ομογενής (*omogenes*), que pode ser decomposta em ὁμοῦ + γένος, significando coisas do mesmo gênero. Duas grandezas de mesmo tipo (como as alturas de duas pessoas) são coisas que podem ser comparadas entre si, podendo ser iguais ou uma delas ser maior do que a outra. Elas possuem uma razão entre elas. A altura de uma pessoa e o peso de outra pessoa, por outro lado, não podem ser comparados entre si, são grandezas heterogêneas, que não possuem uma razão.

Euclides estabelece outra condição para que duas grandezas possam ter uma razão: "Diz-se que duas grandezas possuem uma razão uma para a outra quando uma delas, ao ser multiplicada, consegue exceder a outra" (Heath, 1921, vol. 1, p. 384). Portanto, além de serem do mesmo tipo, nenhuma delas pode ser nula (de tamanho zero) nem infinita.

---

[2] Em português atual, a palavra "logística" se refere a transportes; mas pode também ser considerada como uma tradução do grego λογιστικός (*logistikos*), que se refere ao estudo das razões, chamadas de λόγος (*logos*) em grego.

As razões podem ser comparadas entre si, estabelecendo *proporções*. Se o peso de um objeto é o dobro do de outro, e seu tamanho é também o dobro, então a razão entre os dois pesos é igual à razão entre seus tamanhos e essas grandezas são *proporcionais*. Euclides define a proporcionalidade da seguinte forma: “Grandezas que possuem a mesma relação devem ser chamadas proporcionais” (Heath, 1956, vol. 2, p. 129). A palavra grega que significa “proporcional” é ἀνάλογος (*analogos*) e proporcionalidade é αναλογία (*analogia*). Quando utilizamos as nossas palavras “análogo” e “analogia”, não percebemos que elas possuem essa antiga relação com a teoria das proporções.

É importante notar que, na matemática antiga, uma razão entre duas grandezas *não é* uma divisão entre elas, é um conceito diferente.

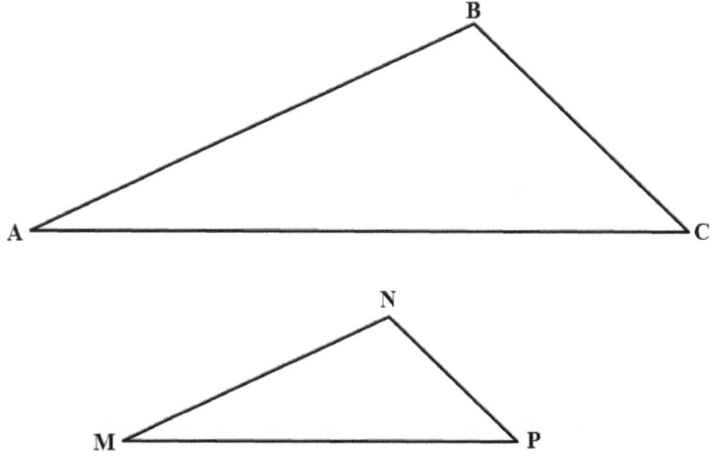


**Figura 1.** As propriedades de triângulos semelhantes podem ser estabelecidas pela antiga teoria de razões e proporções.

Na geometria grega, a teoria das proporções era utilizada, por exemplo, na comparação entre figuras semelhantes. Dois triângulos são semelhantes se os seus ângulos são iguais, dois a dois; e se dois triângulos são semelhantes, seus lados correspondentes são proporcionais. Euclides desenvolve essas propriedades no sexto livro dos *Elementos*, ou seja, logo após apresentar a teoria de razões e proporções (Heath, 1921, vol. 1, p. 391). Por exemplo: "Em triângulos que possuem ângulos iguais, os lados em torno de ângulos iguais são proporcionais, e os lados correspondentes são os que subentendem ângulos iguais" (Heath, 1956, vol. 2, p. 200). Tomando como exemplo os lados adjacentes ao ângulo $\hat{A} = \hat{M}$ do diagrama aqui mostrado (Fig. 1), a proposição de Euclides significa que $\overline{AB}$ está para $\overline{AC}$ como $\overline{MN}$ está para $\overline{MP}$.

Embora as razões não sejam números e sim comparações, elas são utilizadas às vezes como se fossem números, podendo ser multiplicadas entre si. Há uma definição no quinto livro dos *Elementos* que é considerada como espúria pela maioria dos historiadores, que afirma: "Diz-se que uma razão é uma composição de razões quando os tamanhos das razões são multiplicados entre si" (Heath, 1956, vol. 2, pp. 189-190). Euclides utiliza essa propriedade no sexto livro quando analisa, por exemplo, paralelogramos que possuem ângulos iguais (embora não precisem ser semelhantes): "Paralelogramos com ângulos iguais têm um para o outro a razão composta da razão de seus lados" (Fowler, 1979, pp. 813-814). Tomando como exemplo os lados adjacentes ao ângulo $\hat{B} = \hat{N}$ do diagrama aqui mostrado (Fig. 2), a proposição de Euclides significa que a área do paralelogramo *ABCD* está para a área do paralelogramo *MNPQ* como o produto da razão entre $\overline{AB}$ e $\overline{MN}$ pela razão entre $\overline{BC}$ e $\overline{NP}$.

Como uma razão pode ser multiplicada por outra, pode-se também multiplicar uma razão por ela mesma, ou seja, encontrar o quadrado de uma dada razão. Euclides utiliza essa possibilidade para comparar as áreas de dois triângulos semelhantes, por exemplo, na proposição 19 do sexto livro: "Triângulos semelhantes estão um para o outro na razão dupla dos lados correspondentes" (Heath, 1956, vol. 2, p. 232), onde "na razão dupla" significa, em nossa linguagem, proporcional ao quadrado da razão entre os lados.

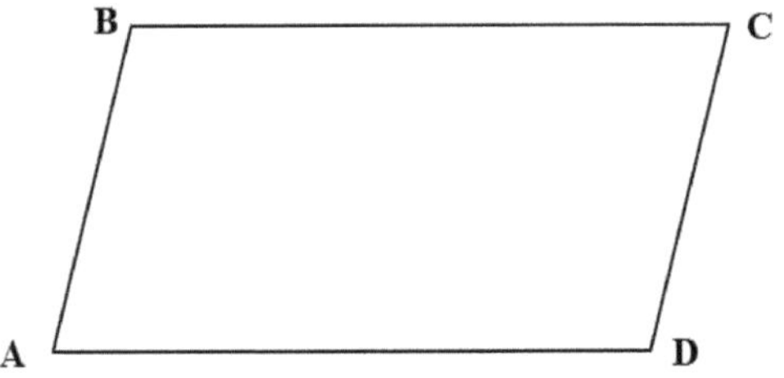


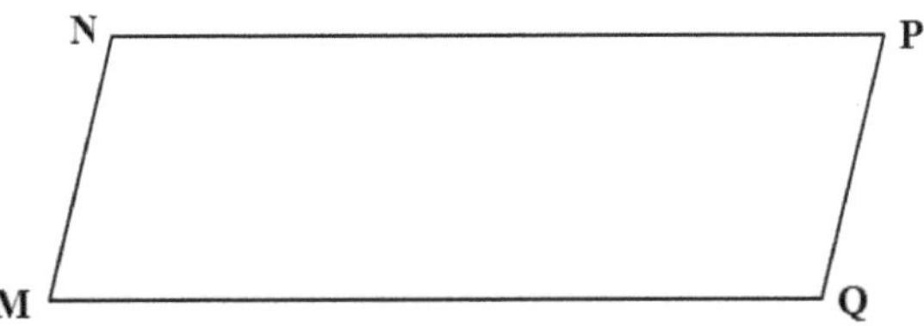


**Figura 2.** As áreas de dois paralelogramos podem ser comparadas através do produto das razões entre os lados correspondentes.

## 4. O USO DE PROPORÇÕES NA FÍSICA DE ARISTÓTELES

Aristóteles foi companheiro de Eudoxos, na escola de Platão. Possivelmente aprendeu a teoria de proporções de seu colega; pois ele a aplica em seus argumentos a respeito de movimentos e em outras situações (Heath, 1921, vol. 1, pp. 345-346). Há muitos pontos em que isso ocorre como, por exemplo, no seu tratado *Sobre o céu*: "[...] quanto menor e mais leve for um corpo, mais longe uma dada força o moverá. [...] pois a razão entre as velocidades de dois corpos será a razão inversa de seus respectivos tamanhos" (Aristóteles, *De caelo* III.2, 301$^{b}$4-12; Barnes, 1995, vol. 1, p. 494)[3]. Um outro caso, em que ele

[3] Seguindo o costume utilizado na história da filosofia e na história da ciência, indicaremos as passagens das obras de Aristóteles fornecendo os números do livro e do capítulo, bem como a paginação da edição grega de Bekker.

utilizou um exemplo numérico, é sua análise (atualmente considerada errada) das relações entre força e movimento:

> Se, então, *A* é aquilo que move, *B* a coisa movida, *C* a distância que ela é movida e *D* o tempo gasto, então *A* moverá a metade de *B* no dobro da distância *C* [no mesmo tempo *D*]; e [*A* moverá a metade de *B*] na distância *C* na metade do tempo *D*; pois assim serão observadas as regras da proporção. Além disso, se uma dada força move um dado objeto certa distância em um certo tempo e metade da distância em metade do tempo, a metade do poder motriz moverá metade do objeto à mesma distância no mesmo tempo. Seja *E* a metade da força motriz *A*; e *F* a metade de *B* [o corpo que é movido]; então, eles estão relacionados por semelhança e o poder motriz é proporcional ao peso, de modo que cada força fará com que a mesma distância seja atravessada no mesmo tempo. (Aristóteles, *Physica* VII.5, 249$^{b}$30-250$^{a}$9; Barnes, 1995, vol. 1, p. 417).

Independentemente de nossa aceitação ou rejeição das ideias apresentadas por Aristóteles, é notável que ele utilize em seus trabalhos uma abordagem matemática que havia sido desenvolvida muito recentemente – a teoria das razões e proporções. Note-se, também, que ele representa grandezas físicas por letras (obviamente, letras gregas α, β, γ, δ e não as romanas que foram utilizadas na tradução acima). Em muitos casos, análises como essa eram acompanhadas por diagramas explicativos nos manuscritos e em algumas edições antigas (Fig. 3), embora a maioria das atuais edições das obras de Aristóteles seja desprovida de figuras, mesmo em pontos nos quais a compreensão do texto se torna quase impossível sem elas, como na descrição geométrica que ele apresenta sobre o arco-íris (Aristóteles, *Meteorologica* III.5, 375$^{b}$20-376$^{b}$21; Barnes, 1995, vol. 1, pp. 604-605).

O uso da teoria das proporções aparece de forma ainda mais interessante na obra aristotélica ou pseudo-aristotélica chamada *Mechanica* (ou *Problemata Mechanica*). Esse é um tratado grego que, por sua linguagem e conteúdo, costuma ser atribuído a algum dos contemporâneos ou seguidores de Aristóteles. Teria sido escrito no século IV a.C., anteriormente aos *Elementos* de Euclides (Heath, 1921, vol. 1, p. 344; Laird & Roux, 2008, p. 3). Até o século XVIII praticamente todos os autores aceitavam que se tratava de uma obra autêntica de Aristóteles; depois, o consenso mudou para o extremo oposto, negando-se que ela pudesse ter sido escrita pelo filósofo de Estagira. Atualmente, discute-se muito sua autoria (Coxhead, 2012). Recentemente, foi novamente atribuída ao filósofo (Renn, Damerow & McLaughlin, 2003, p. 46). Não vamos nos posicionar aqui sobre esse ponto.

¶QVINTI CAPITIS NOTE.

¶Mouet/ mouet scʒ locũ. ¶Medictas mobilis: est mobile subduplũ. ¶Nõ mouentiũ et mobiliũ moles quãte sint respiciẽde sunt: sed mouentiũ et mobiliũ potentie. ¶Medium/ dimidium.

12 QVINTVM cap. cõtinet septẽ cõparationũ mouẽtiũ et mobiliũ regulas. ¶Prima regula. Si aliquod mouẽs moueat aliqd mobile aliquãto tpe et aliquãto spacio: idẽ mouẽs aut eqle mouebit mobilis mẽdictatẽ p duplũ spaciũ l equali tpe. ¶Sit a mouẽs, b mobil, c spaciũ, d tps. manifestũ est qꝫ quicqd mouet aliquid: aliqua vi supãte mouet/ aliquãto tpe et spacio. vnde ex analogia: regula euadere potest vel qꝫmanifestissima. ¶Secũda. Si potẽtia mouẽs moueat mobile aliquãto tpe ꝛ aliqͣto spacio: potẽtia eadẽ aut ei data eqlis mouebit mobilis medietatẽ p idẽ spaciũ l tps medietate. ¶Tertia. Si potẽtia mouẽs moueat mobile aliqͣto tpe et aliqͣto spacio: eadẽ potẽtia aut ei data equalis mouebit idẽ mobile p spacij medietatẽ in medio tpe. ¶Quarta. Si virt⁹ mouẽs quodcũqꝫ moueat mobile aliquãto tpe ꝛ aliqͣto spacio: media virt⁹ mobilis medietatẽ eodẽ spacio moue-

k.i.



**Figura 3.** Diagrama explicando o argumento do livro 7, capítulo 5, da *Física* de Aristóteles, em uma tradução latina do século XVI (Lefèvre d'Etaples, 1512, fol. 73 recto)

Essa obra é o mais antigo tratamento teórico sobre máquinas que conhecemos, no qual o autor procura explicar o funcionamento dos mecanismos a partir de um princípio teórico unificado, relacionando forças com deslocamentos e velocidades. Acredita-se que esse trabalho serviu de base, posteriormente, para o estudo sobre máquinas escrito por Heron de Alexandria (Martins, 2018).

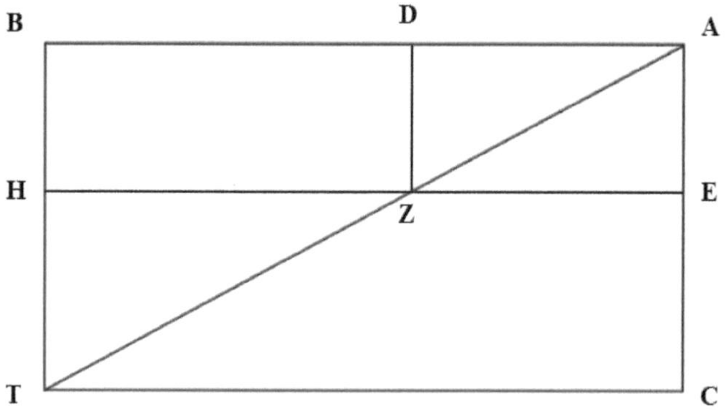


**Figura 4.** Diagrama da *Mechanica* atribuída a Aristóteles, explicando a regra de composição de movimentos.

Encontramos coisas notáveis nessa obra, como a demonstração da regra do paralelogramo (Fig. 4) para a composição de movimentos, com o uso de raciocínios de proporcionalidade:

> Ora, sempre que um corpo se move em duas direções em uma razão fixa, ele necessariamente se move em uma linha reta que é a diagonal da figura formada pelas linhas que são descritas nessa razão. Seja a razão de acordo com a qual o corpo se move ser representada pela razão de *AB* para *AC*. Suponhamos que *AC* se move para *B* enquanto *AB* se move para a posição *HE*; agora, consideremos que *A* se move para *D*, e que *AB* se move uma distância determinada pelo ponto *E*. Se a razão do movimento é como aquela de *AB* para *AC*, então a linha *AD* deve ter a mesma razão em relação a *AE*. Então, o pequeno quadrilátero tem a mesma proporção que o maior, de modo que a diagonal é a mesma, e o corpo se moverá para *Z*. Pode-se mostrar que ele se comportará desse

> modo qualquer que seja o instante do seu movimento que for considerado; sempre estará sobre a diagonal. [...] Mas se um corpo se move com dois movimentos que não possuem uma razão fixa nem tempo fixo, será impossível que ele se mova em uma linha reta. (Pseudo-Aristóteles, *Mechanica* I, 848$^b$11-28; Hett, 1955, pp. 337-339)

O caso em que os dois movimentos formam um ângulo agudo ou obtuso é tratado em outro ponto da obra (Pseudo-Aristóteles, *Mechanica* 23, 854b16-855a27; Hett, 1955, pp. 381-387).

Muitas das questões estudadas nesse livro são acompanhadas de desenhos explicativos. Joyce van Leeuwen comparou os diagramas da *Mechanica* em todos os manuscritos conhecidos, mostrando sua importância e reconstruindo os desenhos que serviram de base para as cópias que chegaram até nós (Leeuwen, 2014; Leewen, 2016). Steffen Bogen estava completamento enganado, ao afirmar que não há figuras nos manuscritos da *Mechanica* (Bogen, 2013, p. 286).

O autor da obra se refere a dispositivos em que "o menor domina o maior, e coisas possuindo pequeno peso movem grandes pesos, e todos os aparelhos semelhantes que chamamos de mecânicos. [...] Entre os problemas incluídos nesse grupo estão os que se referem à alavanca. Pois é estranho que um grande peso possa ser movido por uma pequena força." (Pseudo-Aristóteles, *Mechanica*, 847a22-847b3; Hett, 1955, pp. 330). Para analisar este e outros dispositivos, o autor começa analisando o movimento de um círculo em torno do seu centro, para depois comparar tanto o movimento dos braços de uma balança quanto o movimento de uma alavanca com as características do movimento circular. "Os fatos sobre a balança dependem do círculo, e os sobre a alavanca [dependem] da balança, enquanto quase todos os outros problemas mecânicos de movimento dependem da alavanca. Ora, dois pontos sobre uma linha traçada como um raio do centro [do círculo] nunca têm a mesma rapidez, mas o que está mais distante do centro fixo se desloca mais rapidamente; é por causa disso que surgem muitas das propriedades notáveis do movimento dos círculos." (Pseudo-Aristóteles, *Mechanica* 848a2-18; Hett, 1955, pp. 335).

Para nós, pode ser óbvio que a velocidade dos pontos de um círculo são diferentes; mas essa talvez não fosse uma propriedade bem conhecida na época, por isso o autor explica o motivo. Quando um raio de um círculo completa uma volta, todos os seus pontos retornam ao lugar de onde partiram. Cada um deles descreve uma circunferência diferente, e as circunferências são proporcionais aos seus raios. Como os tempos são iguais, as velocidades são proporcionais aos espaços percorridos e, portanto, são proporcionais aos raios. (Pseudo-Aristóteles, *Mechanica* 848b1-9; Hett, 1955, pp. 337). Ou, analisando o diagrama detalhadamente (Fig. 5): *A* é o centro do círculo e os pontos *B* e *C* estão sobre o mesmo raio, a diferentes distâncias do centro.

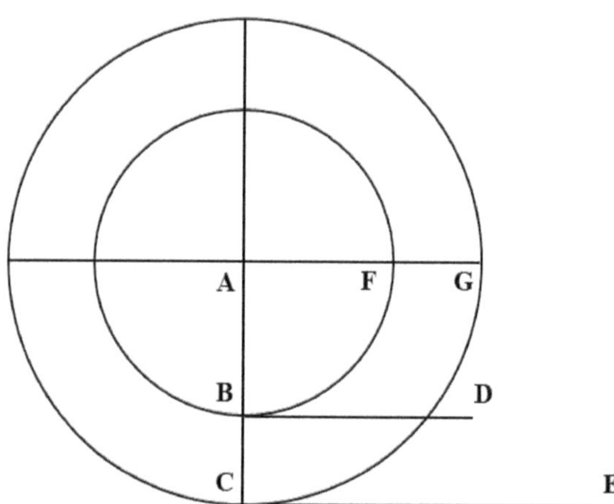


**Figura 5.** Adaptação de um diagrama da *Mechanica* atribuída a Aristóteles, explicando a proporcionalidade entre velocidade e distância ao centro de um círculo em rotação.

Quando esse círculo gira, o ponto *B* se desloca até *F* ao mesmo tempo que o ponto *C* se desloca até *G*. Mas os seus deslocamentos são os arcos *BF* e *CG* que são diferentes entre si. Suponhamos que o arco *BF* tem o mesmo comprimento que a reta *BD* e que o arco *CG* tem o mesmo comprimento que a reta *CE*. Então, e a razão de suas velocidades será igual à razão desses comprimentos percorridos; e como os arcos são proporcionais às distâncias ao centro, as velocidades também serão proporcionais a essas distâncias.

Em seguida, o autor adiciona um comentário de que na rotação de um círculo, *uma mesma força* faz com que o ponto mais distante do centro se mova mais rapidamente e tenha um deslocamento maior do que o ponto mais próximo do centro (Pseudo-Aristóteles, *Mechanica* 1, 849b20-23; Hett, 1955, pp. 347). A introdução de forças, aqui, não fica muito clara; mas este é o ponto fundamental que vai ser aplicado na análise da alavanca, em seguida.

Podemos tentar compreender o raciocínio da obra recorrendo à sua versão árabe parcial, recentemente publicada por Mohammed Abbatouy:

> Também se pergunta por qual motivo as grandes balanças são mais certeiras e possuem mais precisão do que as balanças pequenas. O princípio da resposta com relação a essa questão é perguntar por que, no caso de uma linha longa que parte do centro de um círculo, de tal modo que a distância de sua extremidade até o centro é grande, o movimento de sua extremidade é mais rápido quando ambas as extremidades são movidas pela mesma força. De dois móveis, o mais rápido é aquele que se desloca uma grande distância no mesmo tempo; e o que está mais longe do centro atravessa uma maior distância ao longo de sua circunferência, e o mais próximo uma distância menor. Infere-se desse raciocínio que o fulcro da balança é um centro, pois é fixo, e que os dois braços da balança que estão de cada lado do fulcro correspondem às linhas que partem do centro. *Se o braço é mais longo, o movimento de sua extremidade, quando causado pelo mesmo peso, será mais forte do que o movimento que teria se fosse mais curto*. (Abattouy, 2001, p. 114; minha ênfase)

Aparentemente, o raciocínio aqui é o seguinte: a uma maior distância do centro, o mesmo peso é acompanhado por um movimento mais rápido e, portanto, seu efeito é maior. Ou seja: o efeito depende da força (peso) e da sua velocidade, sendo proporcional a ambos. No texto grego, essa ideia não é tão clara.

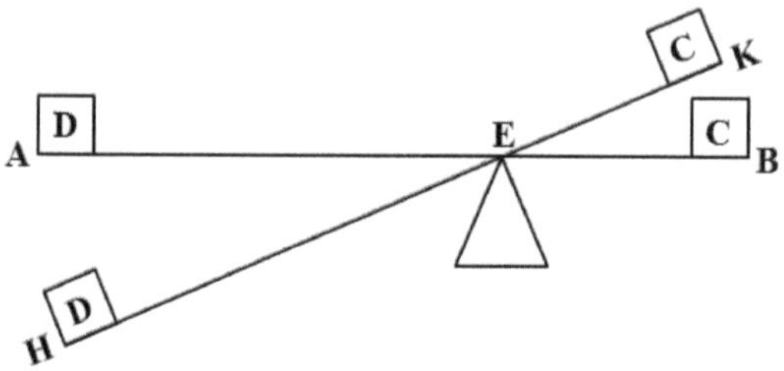


**Figura 6.** Diagrama da *Mechanica* atribuída a Aristóteles, utilizado para explicar a lei das alavancas.

O autor da *Mechanica* apresenta uma análise da alavanca, utilizando o princípio de que a razão entre as velocidades dos movimentos de suas extremidades é proporcional à razão entre suas distâncias ao fulcro sendo, por isso, inversamente proporcional à razão entre as forças. A argumentação apresentada é a seguinte:

> Por que pequenas forças conseguem mover grandes pesos por meio de uma alavanca, como foi dito no início deste tratado, já que ainda se adiciona o peso da alavanca? [...] Será a alavanca a causa, sendo equivalente a uma balança com sua corda presa abaixo e dividida em duas partes desiguais? Pois o fulcro atua como a corda [presa à balança], pois ambos permanecem estacionários e atuam como um centro. Sob o impulso do peso, o raio mais distante do centro se move mais rapidamente e há três elementos na alavanca: o fulcro, ou seja, o centro ou corda; e os dois pesos, aquele que causa o movimento e aquele que é movido. *Ora, a razão entre o peso movido e o peso que o move é a razão inversa das distâncias ao centro.* Quanto maior a distância ao fulcro, mais facilmente ele será movido. A razão já foi dada antes, pela qual o ponto mais distante do centro descreve o maior círculo, de modo que pelo uso da mesma força, quando a força motriz está mais distante do centro, ela causa um maior movimento. (Pseudo-

Aristóteles, *Mechanica* 3, 850ª30-850ᵇ7; Hett, 1955, pp. 353; itálico adicionado por mim)

O autor apresenta um diagrama que descreve desta maneira (Fig. 6): "Seja *AB* a barra, *C* o peso e *D* a força que o move, *E* o fulcro; e seja *H* o ponto para o qual a força movente se desloca e *K* o ponto para o qual o peso movido *C* se desloca" (Pseudo-Aristóteles, *Mechanica* 3, 850ᵇ7-11; Hett, 1955, pp. 353-355).

## 5. A ORIGEM DAS ALAVANCAS E DE SEU PRINCÍPIO

Devemos nos lembrar de que o princípio das alavancas, aqui apresentado, *não foi criado por Arquimedes*, como se costuma acreditar. Arquimedes é posterior a Euclides e viveu no século III a.C. (as datas de seu nascimento e morte são aproximadamente 287 a.C. e 212 a.C.); a *Mechanica* é do século anterior. Isso não significa que o pseudo-Aristóteles tenha sido o *inventor* da lei das alavancas; ele se refere ao funcionamento desses instrumentos como uma coisa bem conhecida. Seu objetivo não é apresentar uma nova lei e sim tentar explicar a teoria de seu funcionamento.

A invenção da alavanca ocorreu, certamente, no período pré-histórico de desenvolvimento das técnicas – ou seja, em uma fase da qual não temos registro escrito. A construção de imensos monumentos na Mesopotâmica e no Egito, mais de mil anos antes da era cristã, envolvendo a movimentação de blocos de pedra com dezenas de toneladas, certamente envolveu máquinas simples como rampas e alavancas, mas não há textos antigos descrevendo como essas construções foram realizadas (Shaw, 2013, p. 73). Há documentação, no entanto, mostrando que em torno de 1.500 a.C. já se usava no Egito um instrumento atualmente chamado *shaduf*, em árabe (Fig. 7), que usa uma alavanca para elevar água (Rossi, Russo & Russo, 2009, p. 100). O mesmo tipo de instrumento foi também utilizado na Grécia, sendo conhecido pelos nomes κήλων ou κηλώνειον (*kelon* ou *keloneion*). É um dos mecanismos discutidos na *Mechanica*

(Pseudo-Aristóteles, *Mechanica* 28, 857a34-857b8; Hett, 1955, pp. 401-403).

**Figura 7.** *Shaduf*, sistema com alavanca (contrapeso) para retirada de água de poços e rios, utilizado no Egito desde 1.500 a.C. (Edwards, 1890, p. 73).

Seria possível questionar essas evidências antigas, no seguinte sentido: para se utilizar na prática uma alavanca e outros instrumentos semelhantes, não é necessário conhecer *a lei matemática* que relaciona as forças com as distâncias. Basta saber que a força necessária é menor, quando a distância é maior, sem estabelecer uma relação matemática de proporcionalidade. É verdade. Porém, há um instrumento antigo (anterior a Aristóteles e Arquimedes) que mostra que essa relação matemática era conhecida. É a balança de braços desiguais, também conhecida como "balança romana" (Fig. 8). Nesse tipo de balança, o objeto que se quer pesar fica a uma distância fixa do ponto de suspensão; o contrapeso pode ser deslocado no outro braço da balança, que tem uma escala; a posição do contrapeso indica diretamente o peso do objeto. Para elaborar e construir esse tipo de balança é *necessário* saber que ocorre o equilíbrio quando os corpos estão a distâncias inversamente proporcionais aos seus pesos (Damerow *et al.*, 2002).

**Figura 8.** Uma antiga ilustração da "balança romana", com um diagrama inspirado na *Mechanica* para explicar seu princípio (Jordanus de Nemore, 1533, folha de rosto).

Apesar do seu nome, a "balança romana" foi inventada e utilizada anteriormente na Grécia. Seu nome em latim era *statera*, proveniente do grego στατήρ (*stater*) que significa balança. A palavra está associada ao verbo ἵστημι que significa "pesar". A existência da balança de braços desiguais na Grécia é documentada através de uma comédia de Aristófanes, um século antes de Aristóteles (Renn, Damerow & McLaughlin, 2003, p. 47). Além disso, ela era conhecida pelo autor da *Mechanica*, já que este explicou seu funcionamento (Pseudo-Aristóteles, *Mechanica* 20, 835$^{b}$25-854$^{a}$15; Hett, 1955, pp. 375-377). Os detalhes da balança de braços desiguais descrita na *Mechanica* são muito semelhantes aos de uma *statera* romana existente no *Metropolitan Art Museum* (Richter, 1915, pp. 445-

446), o que parece indicar que esse instrumento já havia atingido um desenvolvimento avançado, quando essa obra foi escrita.

## 6. UM SALTO ATÉ GALILEO

O objetivo deste artigo não é apresentar toda a história da mecânica até Galileo e sim enfatizar a importância do estudo de razões e proporções nesse desenvolvimento. Assim, não serão estudadas importantes contribuições, como as de Arquimedes, de Heron (Martins, 2018) e de tantos pensadores medievais do mundo islâmico e da Europa que estudaram estática e movimentos, sempre utilizando esse mesmo método matemático (Damerow *et al.*, 2004, pp. 12-13). Vamos abordar apenas alguns tópicos do trabalho de Galileo, onde a teoria de proporções de Eudoxos tem enorme importância (ver a introdução de Drake, em Galileo, 1989).

> A importância da teoria de proporções de Eudoxos para a ciência de Galileo não pode ser exagerada. Até a aplicação da álgebra à solução geral de problemas da geometria (como da aritmética), que só foi atingida após o completamente da obra de Galileo, uma conexão rigorosa da matemática com eventos físicos só era possível através de alguma teoria de proporcionalidade. (Drake, 1978, p. 4)

A cinemática de Galileo, desenvolvida nos *Discursos e demonstrações matemáticas sobre duas novas ciências relativas à mecânica e aos movimentos locais*, não utiliza as equações de movimento que estamos acostumados a utilizar e ensinar. Desde o início, sua formulação se baseia em razões e proporções. Após cada proposição, vamos representar a relação utilizando notação moderna, para facilitar a compreensão por parte de um estudante atual.

> Teorema 1. Proposição 1. Se um móvel se desloca uniformemente e percorre dois espaços com a mesma velocidade, os tempos de deslocamento estão entre si como os espaços percorridos.

$$v_1 = v_2 \Rightarrow \Delta t_1 : \Delta t_2 :: \Delta s_1 : \Delta s_2$$

Teorema 2. Proposição 2. Se um móvel percorre espaços em tempos iguais, os espaços estão entre si como as velocidades. E se os espaços forem como as velocidades, os tempos serão iguais.

$$\Delta t_1 = \Delta t_2 \Rightarrow \Delta s_1 : \Delta s_2 :: v_1 : v_2$$

Teorema 3. Proposição 3. Velocidades desiguais com espaços percorridos iguais, os tempos correspondem inversamente às velocidades.

$$\Delta s_1 = \Delta s_2 \Rightarrow \Delta t_1 : \Delta t_2 :: v_2 : v_1$$

Teorema 4. Proposição 4. Se dois móveis se deslocam uniformemente e suas velocidades são diferentes, os espaços percorridos por eles em tempos desiguais terão a razão composta da razão entre as velocidades e da razão entre os tempos. (Galileo, 1638, p. 151-154)

$$\Delta s_1 : \Delta s_2 :: (v_1 : v_2)(\Delta t_1 : \Delta t_2)$$

Na obra de Galileo, essas primeiras proposições não são consideradas óbvias; são provadas a partir da definição de movimento uniforme e de quatro axiomas. As demonstrações não são simples, pois levam em conta a teoria das proporções; seriam simples se pudessem utilizar relações algébricas como as que utilizamos hoje em dia. Para facilitar a compreensão por parte dos alunos, um professor de física atual que queira apresentar aos seus alunos o tipo de raciocínio empregado por Galileo poderia "traduzir" suas proporções por relações algébricas mais familiares atualmente e, depois, mostrar e explicar a notação efetivamente utilizada por Galileo.

Em suas demonstrações, Galileo representou cada grandeza (velocidade, deslocamento, intervalo de tempo) por letras e por segmentos de reta, desenvolvendo depois os raciocínios desejados (Fig. 9). Note que, pela necessidade de se referir sempre a razões e proporções, Galileo está sempre *comparando* os movimentos de dois móveis ou dois movimentos de um corpo e não descrevendo o movimento de um único corpo.

Na sua análise sobre movimentos uniformes, Galileo apresentou apenas seis teoremas. O último deles é: “Teorema 6. Proposição 6. Se dois móveis se deslocam uniformemente, a razão entre suas velocidades é composta da razão entre os espaços percorridos e da razão contrária entre os tempos gastos” (Galileo, 1638, p. 155). Em nenhum ponto Galileo escreve algo parecido com uma equação horária do movimento uniforme.

154 DIALOGO TERZO

THEOR. IV. PROPOS. IV.

*Si duo Mobilia ferantur motu æquabili, inæquali tamen velocitate; ſpatia, temporibus inæqualibus ab ipſis peracta, habebunt rationem compoſitam ex ratione velocitatum, & ex ratione temporum.*

Mota ſint duo mobilia E F motu æquabili, & ratio velocitatis mobilis E ad velocitatem mobilis F, ſit ut A ad B: temporis vero, quo movetur E, ad tempus, quo movetur F, ratio ſit ut C ad D. Dico ſpatiũ peractum ab E cũ velocitate A in tempore C, ad ſpatium peractum ab I cum velocitate B in tempore D, habere rationem compoſitam ex ratione velocitatis A ad velocitatem B, & ex ratione temporis C ad tempus D. Sit ſpatium ab E cum velocitate A in tempore C peractum G, & ut velo-

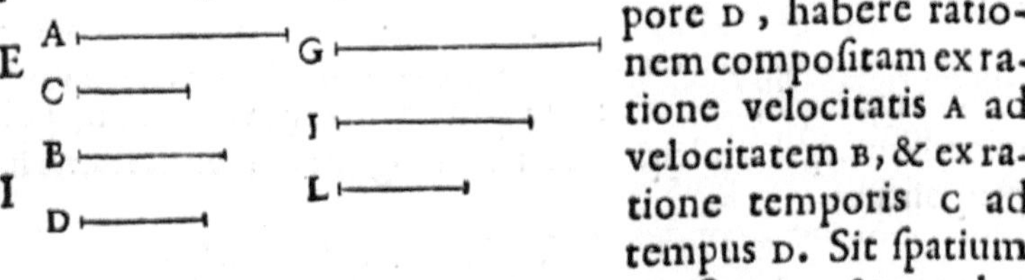


**Figura 9.** Uma parte da demonstração de Galileo, nas *Duas novas ciências*, onde se pode notar o uso de diagramas geométricos e a indicação de letras para representar cada grandeza (Galileo, 1638, p. 154).

A parte do seu livro em que trata sobre movimento uniformemente acelerado é muito mais complexa e interessante. As primeiras demonstrações se referem ao espaço percorrido por um corpo em queda, com aceleração constante, como por exemplo: “Teorema 2. Proposição 2. Se qualquer móvel desce a partir do repouso com movimento uniformemente acelerado, os espaços percorridos por ele em quaisquer tempos estão entre si na razão duplicada de seus tempos; ou seja, como os quadrados desses tempos" (Galileo, 1638, p. 171). É claro que não faz sentido falar sobre o quadrado de um tempo; em alguns pontos, como este, Galileo não seguiu rigorosamente a antiga teoria das razões e proporções.

Depois de estudar rapidamente a queda livre, Galileo começa a analisar o movimento em planos inclinados (Fig. 10).

> Teorema 3. Proposição 3. Se o mesmo móvel descer a partir do repouso por um plano inclinado ou na vertical, dos quais a altura é a mesma, os tempos de percurso estarão entre si como os comprimentos do próprio plano e da vertical. (Galileo, 1638, p. 177)

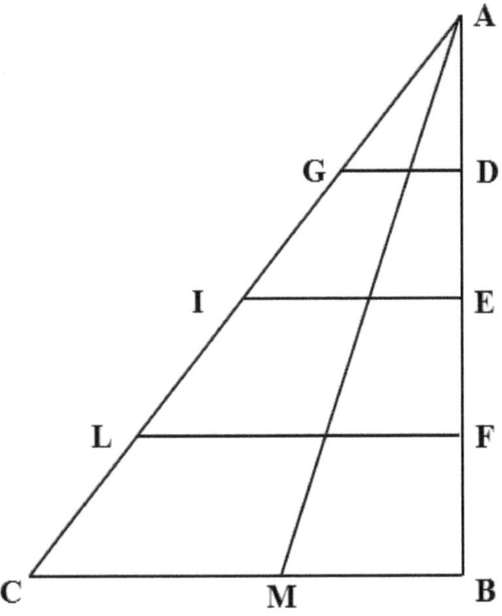


**Figura 10.** Diagrama utilizado por Galileo na comparação dos tempos de descida na vertical (AB) e em um plano inclinado de mesma altura (AC ou AM) (Galileo, 1638, p. 177).

Todos os livros didáticos atuais utilizam trigonometria para o estudo de planos inclinados. Galileo utiliza comparações geométricas, sem fazer qualquer uso da trigonometria, embora ela fosse bem conhecida desde a Antiguidade, quando foi desenvolvida para utilização na astronomia. O teorema de Galileo contém, essencialmente, a relação que escrevemos como $a = g \sin \alpha$ , onde $a$ é a aceleração no plano inclinado, $g$ é a aceleração da gravidade e $\alpha$ é o ângulo que o plano inclinado forma com a horizontal. Porém, nem Galileo nem seus contemporâneos utilizava o conceito de *aceleração* como uma grandeza física mensurável; todas as relações que ele empregava envolvem apenas velocidade, tempo e deslocamento. O conceito de aceleração está presente na obra de Newton, porém sem a notação que utilizamos. O formalismo que utilizamos é, essencialmente, o que foi popularizado no século XVIII por Euler.

Geralmente, os estudantes (e também seus professores) não estão familiarizados com o conhecimento historiográfico e nem são dão conta do anacronismo cometido quando são feitas descrições das contribuições deste e de outros pesquisadores como se fossem idênticas àquilo que se ensina hoje em dia. Conhecer essas diferenças não é desmerecer esses famosos autores; é mostrar as dificuldades que eles enfrentaram, permitindo compreender seus trabalhos de forma adequada, no contexto histórico em que foram desenvolvidos.

As únicas situações que Galileo analisa são de movimento sem atrito e sem resistência do ar. Em seus experimentos com planos inclinados, ele utilizava uma prancha de madeira na qual havia sido escavada uma canaleta fina ("um pouco mais de um dedo de espessura"), que foi tornada bem lisa e revestida com pergaminho, também liso e polido. Nessa canaleta descia uma bolinha de bronze (Galileo, 1638, p. 175). Esse arranjo reduzia bastante o atrito.

No entanto, havia um aspecto que ele nunca levou em conta: a bola de bronze *girava* enquanto descia. Uma esfera que desce um plano inclinado girando sempre terá uma aceleração menor do que se escorregasse pelo plano inclinado sem girar – e a diferença pode ser grande. De fato, no caso de uma esfera descendo um plano inclinado e girando ao mesmo tempo, *mesmo supondo que o atrito era muito pequeno*, o efeito de rotação reduz a aceleração para $a = (5/7)g \sin\alpha$ (Crawford, 1996). A diferença pode ser ainda maior se o plano inclinado for uma canaleta (para impedir que as esferas caiam para fora do plano inclinado) – e Galileo de fato utilizou um plano inclinado com canaleta, em seus experimentos. Nesse caso, o cálculo é bem mais complicado e depende dos detalhes geométricos do dispositivo, como a relação entre a largura da canaleta e o raio da bola (Shaw & Wunderlich, 1984). Em qualquer caso, a aceleração real será $a < (5/7)g \sin\alpha$.

Esses fatos não eram conhecidos, na época. Por causa desses efeitos, nenhum dos teoremas deduzidos por Galileo para planos inclinados podia ser aplicado à situação experimental que ele utilizou: esferas descendo planos inclinados e girando ao mesmo tempo. Assim, todas as conclusões a respeito do movimento de queda livre que Galileo tirou a partir do estudo do movimento em planos inclinados fornecem valores errados. Evidentemente, o uso de geometria e da teoria das proporções permite obter muitos resultados interessantes; mas se houver premissas erradas, a conclusão pode ser totalmente equivocada.

No caso, não foi a metodologia matemática que causou a limitação nas conclusões de Galileo; foi não perceber que os movimentos de translação e rotação simultâneos das esferas exigiam uma análise dinâmica muito mais complexa. Isso só foi percebido no século seguinte.

Na sequência, Galileo apresenta resultados interessantes, incluindo teoremas que não fazem parte dos livros didáticos atuais, como por exemplo:

> Teorema 5, proposição 5. A razão entre os tempos de descida em planos que possuem inclinações, comprimentos e alturas diferentes, é composta pela razão entre os comprimentos dos mesmos planos e do inverso da razão subdupla [raiz quadrada] de suas alturas. (Galileo, 1638, p. 179)

$$\Delta t_1 : \Delta t_2 :: (L_1 : L_2)\sqrt{h_2 : h_1}$$

A partir desse resultado, Galileo prova geometricamente um resultado inesperado (Fig. 11):

> Teorema 6. Proposição 6. Se do ponto mais alto ou mais baixo de um círculo vertical forem traçados quaisquer planos inclinados até a circunferência, os tempos de descida por eles serão iguais. (Galileo, 1638, p. 180)

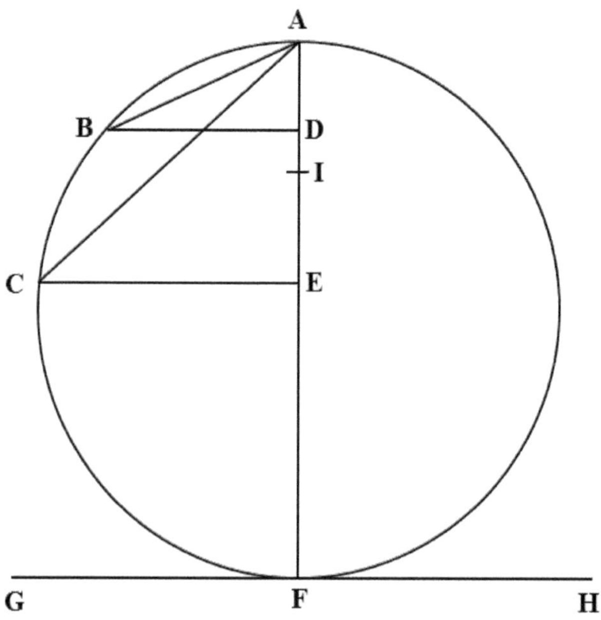


**Figura 11.** Galileo demonstra que os tempos de descida por planos inclinados representados por AB e AC são iguais (Galileo, 1638, p. 181).

Estudantes atuais de física, utilizando trigonometria e as equações que costumamos ensinar, terão dificuldade em reproduzir este e outros resultados obtidos por Galileo em sua obra. É interessante notar que, no restante de sua análise de movimentos acelerados, ele obtém teoremas bastante complicados, mas de pequena importância prática.

## 7. CONSIDERAÇÕES FINAIS

As técnicas matemáticas modernas podem ajudar muito no desenvolvimento da física e no seu ensino, mas devemos perceber que elas são apenas um *instrumento*. Um marceneiro, alguns séculos atrás, não dispunha das ferramentas elétricas atuais, como furadeira, serra, parafusadeira etc. Ele empregava instrumentos manuais que exigiam força muscular e habilidade, que atualmente consideramos muito pouco práticos. No entanto, um bom marceneiro era capaz de produzir móveis de altíssima qualidade. Na física, podemos considerar que ocorre algo semelhante. Galileo era capaz de deduzir, utilizando a teoria de razões e proporções juntamente com uma análise geométrica, resultados de alta complexidade. Pode ser útil introduzir no ensino atual de física um pouco desse estilo de raciocínio, que pode ajudar a desenvolver novos processos mentais em nossos estudantes. Para isso, podem ser utilizadas traduções dos textos originais, acompanhadas pela sua representação utilizando o formalismo moderno correspondente.

Um artigo futuro abordará as técnicas matemáticas de Newton, que eram semelhantes às de Galileo em muitos aspectos. Também será analisada a passagem do método de proporções e de análise geométrica para o formalismo algébrico das equações da mecânica, que atingiu sua expressão madura no trabalho de Leonhard Euler.[4]

## AGRADECIMENTOS

O autor agradece o apoio recebido do Conselho Nacional de Desenvolvimento Científico e Tecnológico (CNPq), sem o qual teria sido impossível desenvolver este trabalho.

---

[4] Ver o artigo seguinte deste volume: MARTINS, Roberto de Andrade. O desenvolvimento do formalismo da mecânica clássica, de Christiaan Huygens e Isaac Newton até Leonhard Euler

## REFERÊNCIAS BIBLIOGRÁFICAS

ABBATOUY, Mohammed. Nutaf min al-Hiyal: a partial Arabic version of Pseudo-Aristotle's "Problemata Mechanica". *Early Science and Medicine*, 6 (2): 96-122, 2001.

BARNES, Jonathan (ed.). *The complete works of Aristotle*. The revised Oxford translation. Princeton: Princeton University Press, 1995. 2 vols.

BOGEN, Steffen. Diagrammatic reasoning: the foundations of mechanics. Pp. 279-298, *in*: ASPER, Markus; KANTHAK, Anna-Maria (eds.). *Writing science: medical and mathematical authorship in ancient Greece*. Berlin: De Gruyter, 2013.

BOYER, Carl B. *A history of mathematics*. New York: John Wiley & Sons, 1968.

COXHEAD, Michael A. A close examination of the pseudo-Aristotelian Mechanical Problems: The homology between mechanics and poetry as techne. *Studies in History and Philosophy of Science*, **43**: 300–306, 2012.

CRAWFORD, Frank S. Rolling and slipping down Galileo's inclined plane: rhythms of the spheres. *American Journal of Physics*, **64**: 541-546, 1996.

DAMEROW, Peter; FREUDENTHAL, Gideon; MCLAUGHLIN, Peter; RENN, Jürgen. *Exploring the limits of preclassical mechanics. a study of conceptual development in early modem science: free fall and compounded motion in the work of Descartes, Galileo, and Beeckman*. Second Edition. New York: Springer, 2004.

DAMEROW, Peter; RENN, Jürgen; RIEGER, Simone; WEINIG, Paul. Mechanical knowledge and Pompeian balances. Pp. 93-108, *in*: RENN, Jürgen; CASTAGNETTI, Giulio (eds.). *Homo faber: studies on nature, technology, and science at the time of Pompeii*. Roma: Bretschneider, 2002.

DRAKE, Stillman. *Galileo at work: his scientific biography*. Chicago: The University of Chicago Press, 1978.

EDWARDS, Amelia B. *A thousand miles up the Nile*. London: George Routledge and Sons, 1890.

FOWLER, David Herbert. Ratio in early Greek mathematics. *Bulletin of the American Mathematical Society*, **1** (6): 807-846, 1979.

GALILEI, Galileo. *Discorsi e dimostrazioni matematiche, intorno à due nuove scienze attenenti alla mecanica & i movimenti locali*. Leida: appresso gli Elsevirii, 1638.

GALILEI, Galileo. *Two new sciences*. Trad. Stillman Drake. 2a edição. Madison: University of Wisconsin Press, 1989.

HEATH, Thomas Little. *A history of Greek mathematics*. Oxford: The Clarendon Press, 1921. 2 vols.

HEATH, Thomas Little. *The thirteen books of Euclid's Elements*. New York: Dover, 1956. 3 vols.

JORDANUS DE NEMORE. *Liber Iordani Nemorarii viri clarissimi, de ponderibus propositiones XIII*. Norimbergae: per Io. Petreium, 1533.

LAIRD, Walter Roy; ROUX, Sophie. Introduction. Pp. 1-13, *in*: LAIRD, Walter Roy; ROUX, Sophie (eds.). *Mechanics and natural philosophy before the scientific revolution*. Dordrecht: Springer, 2008.

LEEUWEN, Joyce van. Thinking and learning from diagrams in the Aristotelian *Mechanics*. *Nuncius*, **29**: 53–87, 2014.

LEEUWEN, Joyce van. *The Aristotelian Mechanics. Text and diagrams.* Dordrecht: Springer, 2016.

LEFÈVRE D'ÉTAPLES, Jacques. *In hoc opere continentur totius phylosophiae naturalis paraphrases*. Paris: Henricum Stephanum, 1512.

MARTINS, Roberto de Andrade. Atividades para estudo individual autônomo. *Revista Brasileira de Física* **2** (vol. esp.): 702-14, 1976 (a).

MARTINS, Roberto de Andrade. Esquemas auxiliares para resolução de problemas. *Revista Brasileira de Física* **2** (vol. esp.): 715-32, 1976 (b).

MARTINS, Roberto de Andrade. As máquinas simples na "Mecânica" de Heron de Alexandria. Vol. 2, pp. 15-30, *in*:

SILVA, Ana Paula Bispo; SILVEIRA, Alessandro Frederico da (eds.). *História da ciência e ensino: fontes primárias*. São Paulo: Editora Livraria da Física, 2018.

RENN, Jürgen; DAMEROW, Peter; MCLAUGHLIN, Peter. Aristotle, Archimedes, Euclid, and the origin of mechanics: the perspective of historical epistemology. Pp. 43-60, *in*: SIRERA, José Luis Montesinos (ed.). *Symposium Arquimedes*. Preprint 239. Berlin: Max Planck Institute for the History of Science, 2003.

RICHTER, Gisela Marie Augusta. *Greek, Etruscan and Roman bronzes*. New York: The Metropolitan Museum of Art, 1915.

ROSSI, Cesare. RUSSO, Flavio; RUSSO, Ferruccio. *Ancient engineers' inventions – precursors of the present*. New York: Springer, 2009.

SHAW, D. E.; WUNDERLICH, F. J. Study of the slipping of a rolling sphere. *American Journal of Physics*, **52**, 997-1000 (1984).

SHAW, Ian. *Ancient Egyptian technology and innovation. Transformation in Pharaonic material culture*. London: Bloomsbury, 2013.

SHERMAN, Paul D. Galileo and the inclined plane controversy. *The Physics Teacher*, **12**: 343-348, 1974.

SMITH, David Eugene. *A history of mathematics*. 2 vols. New York: Dover, 1951.

# O DESENVOLVIMENTO DO FORMALISMO DA MECÂNICA CLÁSSICA, DE CHRISTIAAN HUYGENS E ISAAC NEWTON ATÉ LEONHARD EULER

Roberto de Andrade Martins

**Resumo**: Durante a maior parte do século XVII, os pesquisadores que contribuíram para o desenvolvimento da mecânica – como Galileo, Huygens e Newton – não dispunham do formalismo algébrico com o qual representamos atualmente as leis da física. Utilizavam apenas razões e proporções e raciocínios empregando métodos geométricos. Mesmo Newton praticamente não utilizou o cálculo diferencial e integral na apresentação de seus resultados. Por outro lado, na segunda metade do século XVIII, a situação havia mudado completamente, atribuindo-se grande parte dessa mudança à influência de Euler. Este artigo expõe esse aspecto pouco conhecido da história da mecânica, sugerindo a relevância de introduzir o conhecimento dessa transformação dos métodos matemáticos da física, no nível universitário, para que os estudantes e professores possam ter um conhecimento mais adequado sobre a origem daquilo que ensinamos atualmente.
**Palavras-chave**: história da física; história da mecânica; formalismo matemático; Huygens, Christiaan; Newton, Isaac; Euler, Leonhard

MARTINS, Roberto de Andrade. *Ensaios sobre História e Filosofia das Ciências I*. Extrema: Quamcumque Editum, 2021.

## 1. INTRODUÇÃO

A dinâmica clássica que conhecemos hoje em dia foi criada, em grande parte, no século XVII, graças aos trabalhos de Galileo, Descartes, Huygens, Newton, Leibniz e outros pesquisadores. Antes dessa época, a estática já estava bastante desenvolvida; e uma parte da cinemática que atribuímos a Galileo já era conhecida na Idade Média, tendo sido também aperfeiçoada por Benedetti e outros pensadores do século anterior.

Porém, a mecânica clássica que estudamos atualmente tem uma aparência muito diferente da que era utilizada no século XVII. Um estudante de física de hoje tem uma imensa dificuldade em compreender uma obra como os *Princípios Matemáticos da Filosofia Natural* de Newton; e se Newton pudesse ler os nossos livros didáticos de mecânica, teria também grande dificuldade para entendê-los. Em grande parte, essa diferença se refere aos *formalismos matemáticos* empregados naquela época e hoje em dia.

Nossos livros didáticos sobre Mecânica utilizam constantemente equações escalares e vetoriais para representar as relações entre as grandezas físicas. Além disso, no nível universitário, mostram como manipular essas grandezas utilizando as técnicas do cálculo diferencial e integral. Isso é tão familiar atualmente que pode parecer que sempre foi assim e que o próprio Isaac Newton já devia utilizar esse tipo de formalismo e essas técnicas. Afinal de contas, não foi ele um dos descobridores do cálculo diferencial e integral?

No entanto, em *nenhum ponto* de suas obras Newton apresentou equações mecânicas como as que utilizamos (nem escalares, nem vetoriais). Ele jamais escreveu, por exemplo, $F = ma$ nem $\vec{F} = m\vec{a}$. Na mecânica, ele trabalhava constantemente com as *ideias* de limite, derivada e integral, mas não utilizava símbolos para representar esses conceitos, nem empregava os métodos matemáticos para determinar seus valores. Seu método era, essencialmente, *geométrico* – em um sentido que será mostrado mais adiante.

O formalismo vetorial que utilizamos hoje em dia apenas surgiu graças aos trabalhos de Willard Gibbs e Oliver Heaviside, na década de 1880, ou seja, dois séculos após a publicação da obra fundamental de Newton; mas não vamos abordar aqui essa história (ver Stephenson, 1966; Silva, 2004; Crowe, 1967). O formalismo algébrico escalar e o uso dos símbolos e técnicas do cálculo diferencial e integral na mecânica começaram a se desenvolver antes da morte de Newton, mas foram apresentados de forma sistemática em um livro didático, pela primeira vez, por Leonhard Euler em 1736 e se tornaram usuais a partir de meados do século XVIII.

Este artigo apresentará, em primeiro lugar, as dificuldades encontradas até a época de Newton para escrever equações envolvendo grandezas físicas (como velocidade, tempo, força etc.). Tanto Galileo quanto os outros antecessores de Newton utilizavam a técnica matemática de razões e proporções, que apresentava várias dificuldades.[1] Depois, através de exemplos simples, este artigo explicará o método geométrico que Huygens e Newton utilizavam em suas deduções. Em seguida, será exposta a contribuição de Euler e, por fim, uma descrição de alguns dos autores que contribuíram para o desenvolvimento do formalismo matemático da mecânica, entre Newton e Euler.

## 2. AS EQUAÇÕES DA MECÂNICA

Atualmente, atribuímos a Newton a equação da força gravitacional que, em sua forma escalar, pode ser escrita:

$$F = G\frac{Mm}{r^2}$$

onde $F$ é o valor da força gravitacional entre duas partículas de massas $M$ e $m$, sendo $r$ a distância entre elas e $G$ uma constante.

---

[1] Ver o artigo anterior deste volume: MARTINS, Roberto de Andrade. O formalismo da mecânica clássica, de Aristóteles a Galileo

Mas o que significa, nessa equação, multiplicar uma massa por outra? E o que significa dividir esse produto de duas massas por uma distância ao quadrado? Geralmente não pensamos a respeito disso; mas qualquer contemporâneo de Newton colocaria imediatamente objeções a uma fórmula como essa, pois ela envolve multiplicação de grandezas concretas, bem como divisão de grandezas concretas. Na matemática antiga, essas operações eram proibidas. Não se podia nem mesmo escrever uma equação tão simples quanto a da velocidade no movimento uniforme,

$$v = \frac{s}{t}$$

Não se cogitava dividir uma distância por um tempo para obter uma velocidade, pois o conceito de divisão não poderia ser aplicado nesse caso de duas grandezas concretas. Havia sentido em se falar em uma velocidade que fazia um objeto percorrer vinte milhas em cinco horas, ou quatro milhas em uma hora, mas não se dizia que a velocidade desse objeto seria (20 milhas)/(5 horas) = 4 milhas/hora, porque dividir um comprimento (milhas) por um tempo (horas) não tem nenhum sentido[2]. Assim, embora o conceito de velocidade existisse, ele não era calculado através de operações de divisão, nem entrava em equações.

Como, então, era possível fazer cálculos e deduções envolvendo grandezas físicas? Utilizando a ideia de razões ou proporções, que fazia parte da matemática tradicional desde os *Elementos* de Euclides. Essa teoria permitia *comparar* grandezas concretas, de qualquer tipo (pesos, tempos, distâncias), desde que fossem do mesmo tipo (homogêneas), através de *razões*; e estabelecer comparações entre razões, através de *proporções*. No caso de duas figuras geométricas semelhantes, por exemplo (Fig. 1), podemos estabelecer uma

---

[2] Usei como exemplo uma distância em milhas, não em quilômetros, apenas porque a milha é uma unidade de distância que já existia desde o período dos antigos romanos.

proporção entre seus lados correspondentes, que pode ser escrita da seguinte forma, com uma notação que foi criada no século XVII:

$$\overline{AB} : \overline{AC} :: \overline{MN} : \overline{MP}$$

Essa relação simbólica pode ser transformada na seguinte frase: a razão entre $\overline{AB}$ e $\overline{AC}$ é proporcional à razão entre $\overline{MN}$ e $\overline{MP}$; ou $\overline{AB}$ está para $\overline{AC}$ como $\overline{MN}$ está para $\overline{MP}$. Atualmente, como não estamos mais acostumados à teoria de razões e proporções, seríamos tentados a interpretar essa relação como uma igualdade entre duas divisões: $\overline{AB}$ dividido por $\overline{AC}$ é igual a $\overline{MN}$ dividido por $\overline{MP}$. Porém, essas duas formas de compreender a relação acima não são equivalentes. A razão entre duas grandezas *não é* uma divisão.

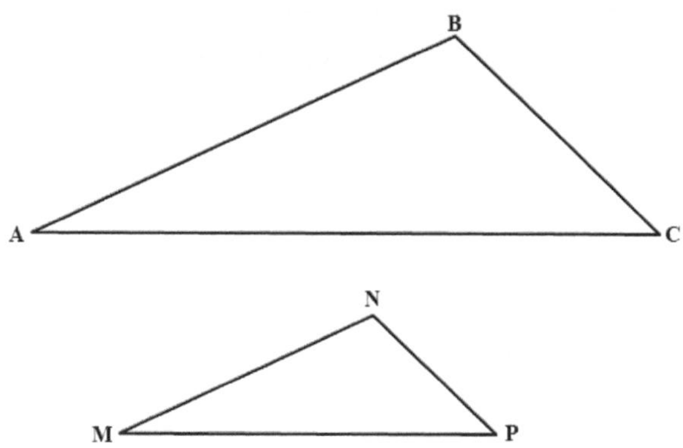


**Figura 1.** As propriedades de triângulos semelhantes podem ser estabelecidas pela antiga teoria de razões e proporções.

Utilizando razões e proporções, podemos escrever uma relação que descreve o mesmo conteúdo conceitual da equação $v = s/t$:

$$v : V :: (s : S)(T : t)$$

Podemos ler essa relação da seguinte forma: a razão entre duas velocidades $v : V$ é proporcional à composição da razão entre os espaços percorridos $s : S$ e o inverso da razão entre os tempos $T : t$ gastos nesses dois percursos. Novamente, como não estamos acostumados a essa linguagem, podemos imaginar que a relação acima é idêntica a esta equação:

$$\frac{v}{V} = \frac{s}{S} \times \frac{T}{t}$$

No entanto, a razão entre duas grandezas não é uma divisão; a proporcionalidade não é uma igualdade; e a composição de duas razões não é uma multiplicação.

Vejamos um exemplo específico. Atualmente, escrevemos que a aceleração centrípeta $a$ de um corpo que se move com velocidade $v$ em um círculo de raio $R$ é dada por:

$$a = \frac{v^2}{R}$$

A quarta proposição dos *Princípios Matemáticos* de Newton, por exemplo, afirma: "As forças centrípetas dos corpos que descrevem diferentes círculos com movimentos uniformes tendem para os centros desses círculos e estão uma para a outra como os quadrados dos arcos descritos em tempos iguais, aplicados aos inversos dos raios dos círculos", ou seja:

$$f : F :: (s : S)^2 (R : r)$$

No Corolário 1 da mesma proposição, Newton afirma: "Cor. 1. Portanto, como esses arcos são proporcionais às velocidades dos corpos, as forças centrípetas possuem uma razão composta da razão dupla das velocidades diretamente, e da razão simples dos raios inversamente".

$$f : F :: (v : V)^2 (R : r)$$

Utilizando-se esse tipo de estratégia é possível representar as relações da mecânica sem que apareçam divisões ou multiplicações por números concretos.

O simbolismo com o qual representamos aqui as razões e proporções não era utilizado por Newton e outros pesquisadores da época; eles geralmente exprimiam essas relações com palavras, como os dois exemplos mostrados acima. Além disso, costumavam associar as grandezas a linhas em diagramas esquemáticos, para estabelecer relações físicas a partir da Geometria.

> No século dezessete, a ideia de que a linguagem da filosofia natural tinha que ser geométrica estava profundamente enraizada. Desde os tempos de Galileo, pensava-se que o "Livro da Natureza" estava escrito em "círculos e triângulos, e outras figuras geométricas": ele não estava escrito com símbolos algébricos. (Guicciardini, 1999, p. 104)

## 3. A CONTRIBUIÇÃO DE CHRISTIAAN HUYGENS

Os estudantes e professores de Física associam o nome de Huygens[3] quase exclusivamente à óptica ondulatória. Pessoas que conhecem a história da astronomia sabem que ele também deu importantes contribuições a essa área, aperfeiçoando telescópios, descobrindo os anéis de Saturno, que tinham sido interpretados erroneamente por Galileo como indicando que o planeta era triplo e detectando o maior satélite de Saturno (Titan). Não costumam ser conhecidas, no entanto, suas imensas contribuições à mecânica (Bos, 1972), que incluem:

(a) a dedução, independentemente de Galileo, da lei da queda dos corpos (altura de queda proporcional ao quadrado da velocidade) e a prova da forma parabólica do movimento de projéteis sem resistência do ar – resultados que obteve aos 16 anos de idade (Beaulieu, 1981; Vilain, 2004);

(b) o estudo da *catenária*, que é a curva formada por uma corrente pendurada em suas extremidades, sob a ação da

---

[3] O nome deste pesquisador não deve ser pronunciado *Hóigens*, como quase todos dizem no Brasil, e sim como *Hahenx* Há um arquivo sonoro com a pronúncia desse nome no verbete Huygens da *Wikipedia* em inglês: <https://en.wikipedia.org/wiki/Christiaan_Huygens>. Os holandeses geralmente pronunciam o "s" final de todas as palavras como os cariocas e portugueses, com um som parecido com o do "x".

gravidade – e que Simon Stevin e Galileo haviam afirmado, erroneamente, ser uma parábola (Bukowski, 2008);

(c) a análise considerada correta do estudo de colisões de "corpos duros" ou elásticos (que havia sido feita de modo errôneo por Descartes), na qual introduziu considerações de relatividade dos movimentos e a constância de uma grandeza proporcional ao quadrado da velocidade e à massa (semelhante à energia cinética) (Blackwell, 1977; Elichson, 1997);

(d) o estudo que consideramos correto da força em um movimento circular uniforme (Ehrlichson, 1994) – que havia sido avaliada de um modo totalmente errôneo por Galileo (Martins, 1994);

(e) o cálculo do período de um pêndulo simples, a invenção e análise mecânica correta do pêndulo cônico, bem como de pêndulos compostos (oscilação de corpos rígidos), introduzindo de forma correta o cálculo do centro de oscilação desses corpos (Ehrlichson, 1996);

(f) a prova de que um pêndulo cicloidal tem período que é independente de sua amplitude, ao contrário do pêndulo simples – corrigindo, assim, um equívoco de Galileo (Costabel, 1978; Ariotti, 1972).

Exatamente por causa desse desconhecimento dos resultados obtidos por Huygens para a mecânica, nossos livros textos de Física apresentam vários aspectos da mecânica clássica sem identificar o seu criador (teoria de colisões, força no movimento circular, período de um pêndulo etc.). Trata-se de uma grande injustiça.

A obra mecânica de Huygens se situa entre as contribuições de Galileo e Descartes e as de Newton. Sob muitos aspectos, pode-se dizer que seus trabalhos prepararam o terreno para o desenvolvimento dos *Princípios Matemáticos da Filosofia Natural*. Newton citou com grande frequência a obra de Huygens e não há dúvidas de que esta influenciou o desenvolvimento dos *Principia* (Speiser, 1988, p. 486).

Vamos exemplificar a metodologia de Huygens, com o uso de proporções e análise geométrica, através de suas demonstrações a respeito do movimento circular, desenvolvidas em 1659 porém publicadas apenas muitos anos depois. Apresentaremos uma reconstrução dos argumentos de Huygens a partir do excelente estudo de Joella Yoder (2004), que se baseou nos manuscritos originais, em vez de utilizar a versão publicada – como quase todos os historiadores da física fazem.

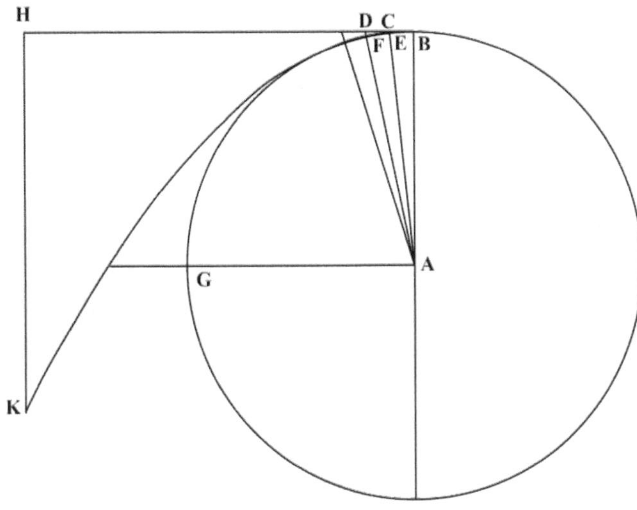


**Figura 2.** Diagrama baseado em um manuscrito de Huygens, de 1659, para analisar a força em um movimento circular (Yoder, 2004, p. 20).

Huygens já havia estudado a trajetória parabólica de um corpo submetido a uma força constante, como a gravidade; para estudar a "força centrífuga" de um corpo em movimento circular[4], ele utilizou seu conhecimento sobre o movimento parabólico (Fig. 2) e a relação matemática entre a parábola e o círculo osculador, que havia estudado cinco anos antes

---

[4] Huygens deu o nome de "força centrífuga" à força com que um corpo em movimento circular tende a se afastar do seu centro. Se esse corpo estiver preso a um fio, por exemplo, essa será a força que com que o corpo puxará o fio. Assim, não é a força que age sobre o corpo e sim a força que é produzida pelo corpo.

(YODER, 2004, p. 19). Um aspecto extremamente importante da dedução que Huygens apresentou é que ele utiliza a ideia de limite aplicada às figuras empregadas em sua análise. Se tomarmos pontos da parábola cada vez mais próximos ao ponto *B* em que ela é tangenciada pelo círculo, então esses pontos da parábola estarão "praticamente" sobre o círculo, ou seja, sua distância ao círculo tende a zero. Assim, conhecendo-se as propriedades da parábola, elas poderão ser aplicadas ao círculo, nesse caso limite.

O diâmetro do círculo osculador é igual ao *latus rectum* da parábola, ou seja, é quatro vezes maior do que a distância do foco da parábola até seu vértice. A equação da parábola é dada por $x^2 = ky$, onde $k$ é o *latus rectum*. No diagrama aqui mostrado (Fig. 3), a linha $\overline{BC}$ representa a coordenada *x* e a linha $\overline{CE}$ representa a coordenada *y*. Portanto, $BC^2 = K \cdot CE$. Como a constante *k* é igual ao diâmetro do círculo osculador, que é $\overline{BM}$, temos: $BC^2 = BM \cdot CE$. Esta é uma relação geométrica importante, utilizada na dedução.

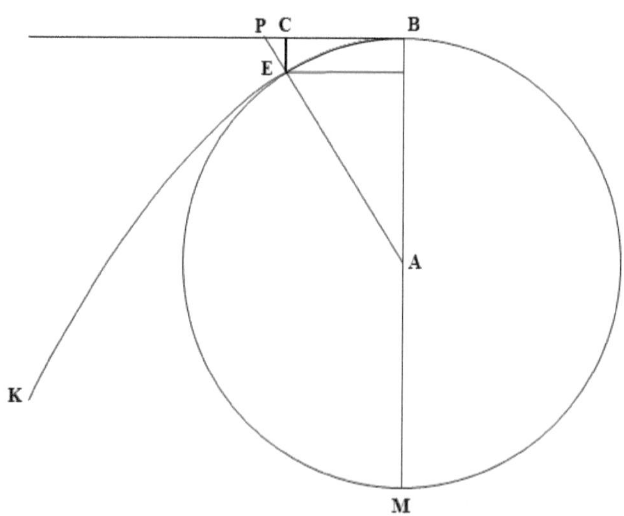


**Figura 3.** Relação entre uma parábola e o círculo osculador, utilizada por Huygens para comparar as forças nos dois tipos de movimento (Yoder, 2004, p. 21, com algumas alterações).

Suponhamos que a circunferência do diagrama aqui mostrado (Fig. 3) é a trajetória de uma partícula que se desloca nela no sentido anti-horário. Queremos encontrar a força centrífuga dessa partícula. Suponhamos que no ponto *B* do círculo a partícula se desprendesse dele e pudesse se mover livremente. Se não houver qualquer força agindo sobre ela, a partícula se deslocará em linha reta, com velocidade constante, como já se sabia desde Descartes (Martins, 2012). Depois de certo intervalo de tempo ela chegaria ao ponto *P*, sobre a tangente ao círculo (ou seja, seu deslocamento nesse tempo seria *BP*, proporcional à sua velocidade). Porém, se a partícula está presa ao círculo, nesse mesmo tempo ela percorre um arco com o mesmo comprimento. Esse arco é aproximadamente igual a *BE*, considerando-se *AEP* como uma reta – e quanto menor o intervalo de tempo, melhor será essa aproximação.

Então, se não houvesse nenhuma força prendendo a partícula ao círculo, ela chegaria ao ponto *P*; porém, como está presa ao círculo, ela chega ao ponto *E*. O segmento de reta *PE* representa quanto a partícula foi desviada da trajetória retilínea, para ser mantida no movimento circular; e representa também quanto a partícula tende a se afastar do círculo, procurando se deslocar em linha reta. É, portanto, uma medida da força centrífuga da partícula.

Quando o intervalo de tempo é muito pequeno e os pontos *P* e *E* vão se aproximando de *B*, o ângulo entre os segmentos de reta *CE* e *PE* vai tendendo a zero e esses dois segmentos tendem a se tornar iguais. Além disso, a parábola e a circunferência osculadora se tornam indistinguíveis. Então, considerando esse caso limite, podemos transformar a relação $BC^2 = BM \cdot CE$ (válida para a parábola) na relação $BC^2 = BM \cdot PE$, que permite avaliar *PE*, que é a tendência da partícula a se afastar da circunferência. Como *BC* é proporcional à velocidade da partícula, é fácil ver que a tendência da partícula de se afastar da circunferência é proporcional ao quadrado da sua velocidade e inversamente proporcional ao diâmetro do círculo (*BM*) ou ao seu raio. Esse resultado corresponde à nossa lei da força (ou aceleração) no movimento circular, que representamos como $F \propto v^2/r$.

Este é um exemplo simples da técnica geométrica utilizada por Huygens em suas deduções. Como veremos a seguir, o método utilizado por Newton é muito semelhante e provavelmente se inspirou no de seu antecessor (Guicciardini, 1999, p. 118).

## 4. O MÉTODO GEOMÉTRICO DE NEWTON

Para exemplificar o método geométrico de Newton, vamos considerar a sua primeira demonstração, nos *Princípios Naturais da Filosofia Natural* (Livro I, Seção II, Proposição 1, teorema 1). O seu enunciado é este: "As áreas descritas pelos raios traçados de um centro de forças imóvel até corpos em rotação [em torno deles] permanecem nos mesmos planos imóveis e são proporcionais aos tempos em que são descritos" (Newton, 1687, p. 37).

Esta proposição demonstrada por Newton corresponde àquilo que chamamos de "segunda lei de Kepler" no caso dos movimentos dos planetas: as áreas descritas pelas linhas que unem o Sol até um planeta são proporcionais ao tempo. No entanto, na sua Proposição 1, Newton generaliza essa propriedade para abranger corpos que se movem em torno de qualquer centro de forças – ou seja, é um caso muito mais geral do que o de Kepler. Pode ser qualquer tipo de força, com qualquer variação em relação à distância (por exemplo, diretamente proporcional à distância, ou inversamente proporcional ao cubo da distância). Atualmente, nós nos referimos a essa propriedade como a lei da conservação do momento angular; ela não tinha nem esse nome, nem qualquer outro, na época em que Newton a demonstrou.

Assim como na obra de Huygens, a prova apresentada por Newton é totalmente geométrica, ou seja, não utiliza equações como as que empregamos atualmente em Mecânica. Para desenvolver sua demonstração, Newton utilizou o diagrama aqui apresentado (Fig. 4), que vamos explicar e decompor em outros mais simples.

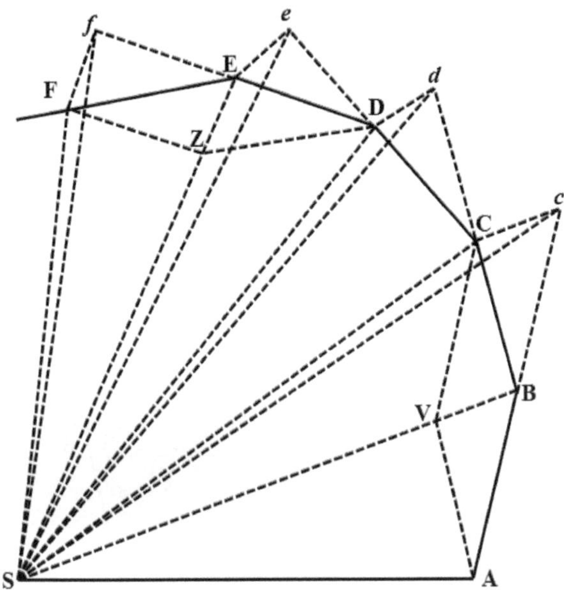


**Figura 4.** Diagrama utilizado por Newton para demonstração da lei das áreas (Newton, 1687, p. 37).

Primeiramente, Newton demonstrou que essa propriedade seria válida *se a partícula que se move não sofresse nenhuma força*. Ou seja: se uma partícula se move inercialmente, em linha reta e com velocidade constante, seu movimento obedece à lei das áreas. Este era um caso curioso e inesperado, pois antes de Newton se acreditava que as leis de Kepler estavam associadas apenas ao movimento dos planetas.

Para entendermos a argumentação geométrica de Newton, vamos considerar um diagrama mais simples do que o dele (Fig. 5). Consideremos que a reta $\overline{ABCD}$ representa a trajetória de uma partícula que se move inercialmente. Em certo intervalo de tempo $\Delta t$, a partícula se move de A até B; depois, em outro tempo igual, de B para C; depois, de C para D; e assim por diante, sempre com em linha reta e com velocidade constante.

Assim, as distâncias $\overline{AB}$, $\overline{BC}$ e $\overline{CD}$ são iguais entre si. Agora, vamos mostrar que as áreas dos triângulos *SAB* e *SBC* são iguais entre si.

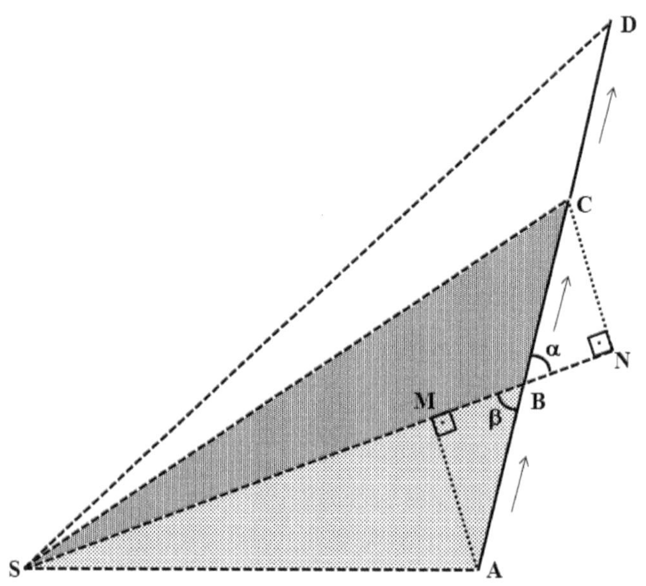


**Figura 5.** Demonstração de que a lei das áreas vale para o movimento retilíneo uniforme.

Prolonguemos a reta $\overline{SB}$ até *N*, traçando os segmentos de reta $\overline{AM}$ e $\overline{NC}$, ambos perpendiculares à reta $\overline{SB}$. Vamos considerar que $\overline{SB}$ é a base tanto do triângulo *SAB* quanto do triângulo *SBC*, pois a escolha do lado do triângulo que chamamos de "base" é arbitrária. Para provar que esses dois triângulos têm a mesma área, basta agora provar que eles têm alturas iguais, ou seja, que $\overline{AM}$ e $\overline{NC}$ são iguais entre si. Isso é fácil de ver, analisando os triângulos *ABM* e *BCN*; neles, todos os ângulos são iguais, pois ambos possuem ângulos retos e, além disso, os ângulos $\hat{\alpha}$ e $\hat{\beta}$ são iguais porque são opostos pelo vértice; portanto, os dois triângulos são semelhantes. Além disso, como os seus lados $\overline{AB}$ e $\overline{BC}$ são iguais, então os dois triângulos são idênticos e todos os seus lados correspondentes são iguais; portanto, as suas alturas $\overline{AM}$ e $\overline{NC}$ são iguais entre si. Logo, as áreas dos triângulos *SAB* e *SBC* são iguais entre si. Pode-se fazer uma demonstração equivalente para o triângulo *SCD* e todos os outros seguintes; portanto, todos os triângulos varridos em tempos iguais pelo raio que liga a partícula ao ponto *S* possuem áreas iguais. Triângulos varridos em tempos diferentes terão áreas proporcionais a esses intervalos de tempo.

Há outro modo de fazer a demonstração da igualdade das áreas dos triângulos *SAB* e *SBC*. Tomemos $\overline{AB}$ como base do primeiro triângulo e $\overline{BC}$ como a base de segundo. Essas duas bases são iguais, pois são os espaços percorridos em tempos iguais, em um movimento retilíneo uniforme. Agora, basta mostrar que os dois triângulos possuem a mesma altura. O vértice oposto à base dos dois triângulos é o ponto *S*. A altura dos dois triângulos é a distância entre esse ponto e a reta que contém as suas bases. Como as duas bases são colineares, a altura dos dois triângulos é a mesma. Portanto, suas áreas são iguais. Esta segunda demonstração é mais simples, porém a análise mostrada anteriormente facilita a compreensão de outros passos do restante da dedução de Newton.

Notemos que o ponto *S* pode estar em qualquer posição. Seja onde for colocado o ponto *S*, as áreas dos triângulos sucessivos serão iguais. Ou seja: a lei das áreas vale para qualquer partícula que se mova inercialmente, em relação a qualquer ponto *S* tomado como centro.

Nessa demonstração, a única hipótese física utilizada foi a lei da inércia; a partir dela, segue-se que os segmentos de reta $\overline{AB}$, $\overline{BC}$ e $\overline{CD}$ são colineares e iguais entre si. Todo o resto da prova utiliza apenas geometria.

Passemos, agora, ao caso em que a partícula está submetida a forças. Embora Newton tenha utilizado uma única figura, vamos utilizar várias, para que o argumento fique mais fácil de entender. Em uma aula, utilizando projeção ou mesmo um quadro negro / verde / branco, é mais fácil de ir mostrando as relações geométricas do que em um texto como este. Além disso, na explicação abaixo, vamos utilizar algumas notações que Newton não usava, como $\Delta t$ e $\overrightarrow{v_1}$, para facilitar a compreensão de um leitor atual.

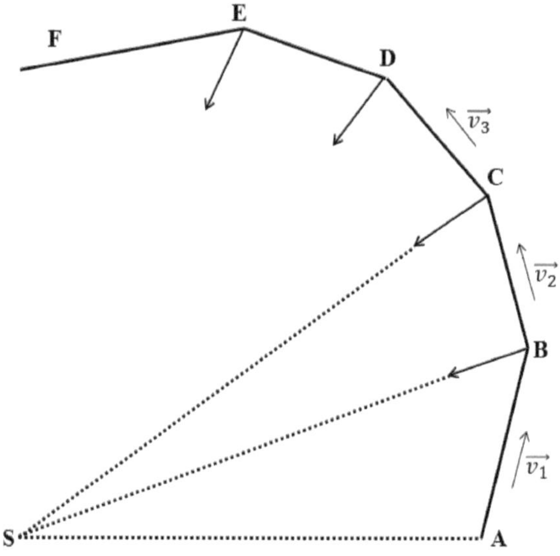


**Figura 6.** Trajetória poligonal, supondo-se que a partícula em movimento sofre impulsos instantâneos, na direção do ponto *S*, quando passa pelos vértices da linha poligonal.

Suponhamos que uma partícula descreve a trajetória poligonal *ABCDEF* (Fig. 6) da seguinte forma: de *A* até *B*, ela se move sem sofrer nenhuma força – e, portanto, em linha reta e com velocidade uniforme $\overrightarrow{v_1}$. Depois de um intervalo de tempo $\Delta t$, a partícula chega ao ponto *B*, onde ela sofre um impulso ou puxão instantâneo na direção do ponto *S*, que agora consideraremos como sendo um centro de atração. Por causa disso, sua velocidade se altera em direção e módulo, instantaneamente, no ponto *B*. Então, a partícula se move com essa nova velocidade $\overrightarrow{v_2}$, durante um novo intervalo de tempo igual $\Delta t$, sem sofrer nenhuma força – e, portanto, novamente em linha reta e com velocidade uniforme. Depois de um tempo $\Delta t$, a partícula chega ao ponto *C*, onde ela sofre um novo impulso ou puxão instantâneo na direção do ponto *S*, alterando novamente sua velocidade para $\vec{v_3}$; e assim por diante. Todos os puxões são na direção de *S*, mas não precisam ter o mesmo valor: alguns podem ser mais fracos, outros mais fortes.

Se os intervalos de tempo $\Delta t$ forem considerados cada vez menores, o polígono terá um número cada vez maior de lados; quando $\Delta t$ tende a zero, o polígono tende a se tornar uma curva suave e a situação corresponderá a uma partícula que está se movendo em uma trajetória curva, sofrendo forças que agem durante todo o tempo. Ou seja: um movimento suave como o dos planetas pode ser considerado como um caso limite do movimento poligonal com sucessivos puxões instantâneos.

O que se quer provar é que cada um dos triângulos formados pelos lados do polígono, unidos ao centro de força *S*, tem a mesma área; ou seja, o triângulo *SAB* e o triângulo *SBC* possuem a mesma área, e assim por diante. Analisemos, agora, cada etapa do movimento poligonal, de um modo semelhante ao seguido por Newton.

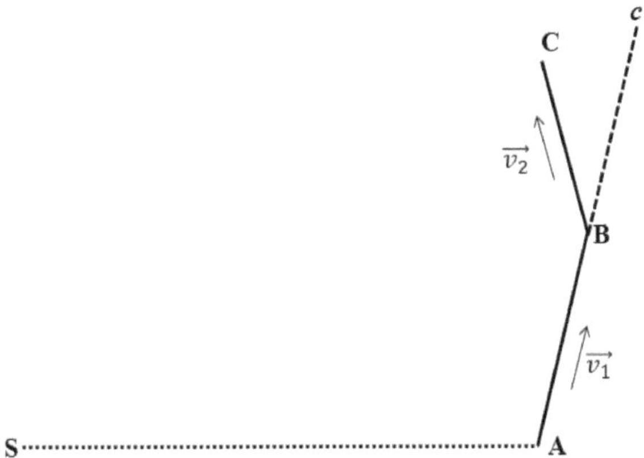


**Figura 7.** Inicialmente a partícula se move com velocidade constante no trecho *AB*, depois sofre um impulso instantâneo que altera sua velocidade e sua direção, percorrendo então o trecho *BC*.

Como já foi explicado, a partícula se move inicialmente no tempo $\Delta t$ de *A* até *B* com movimento retilíneo uniforme, com velocidade $\overrightarrow{v_1}$. Se não sofresse nenhum puxão para *S*, ela continuaria a se mover na mesma direção, com a mesma velocidade, de acordo com a lei da inércia, chegando depois de outro tempo $\Delta t$ ao ponto *c* (Fig. 7) e, como já foi provado antes, as áreas dos triângulos *SAB* e *SBc* são iguais entre si. No entanto, como a partícula sofreu um impulso instantâneo para *S* no ponto *B*, sua velocidade se alterou para $\overrightarrow{v_2}$ e, por isso, depois de um tempo $\Delta t$ ela chega ao ponto *C*. Os segmentos de retas $\overline{AB}$ e $\overline{BC}$ são, respectivamente, proporcionais às velocidades $\overrightarrow{v_1}$ e $\overrightarrow{v_2}$, pois consideramos sempre o mesmo intervalo de tempo $\Delta t$. Obviamente, as direções desses segmentos de retas são iguais às das velocidades respectivas. Assim, esses segmentos $\overline{AB}$ e $\overline{BC}$ podem ser considerados como representações geométricas das duas velocidades $\overrightarrow{v_1}$ e $\overrightarrow{v_2}$.

Agora, se unirmos os pontos *c* e *C*, teremos um novo segmento de reta $\overline{cC}$ cuja interpretação devemos explicar (Fig. 8). As velocidades (e também os outros vetores) obedecem à lei de adição vetorial, que é representada geometricamente pela lei do paralelogramo. Vemos, pelo diagrama (Fig. 8), que $\overrightarrow{v_2} = \overrightarrow{v_1} + \overrightarrow{v_3}$. Portanto, $\overrightarrow{v_3} = \overrightarrow{v_2} - \overrightarrow{v_1}$. Ou seja, a velocidade $\overrightarrow{v_3}$, que é representada pelo segmento de reta $\overline{cC}$, é a variação de velocidade (velocidade final $\overrightarrow{v_2}$ menos velocidade inicial $\overrightarrow{v_1}$).

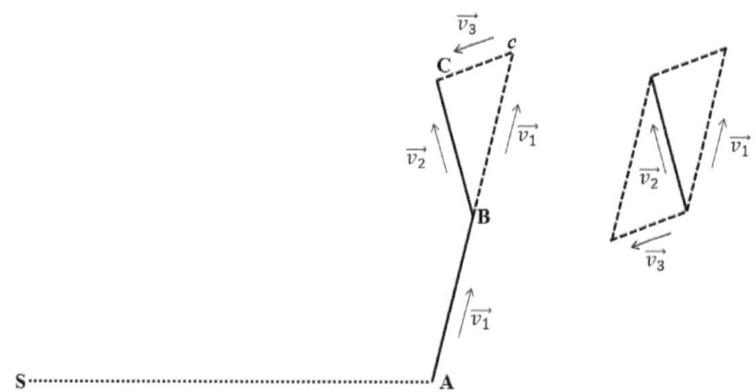


**Figura 8.** Análise vetorial da variação de velocidade sofrida pela partícula no ponto *B*.

Essa variação de velocidade $\overrightarrow{v_3} = \overrightarrow{v_2} - \overrightarrow{v_1}$ foi produzida pelo impulso instantâneo que a partícula sofreu quando passou pelo ponto $B$. Como o ponto $S$ representa o centro de forças, então esse impulso deve ter a direção da reta $\overline{BS}$ (Fig. 9). Portanto, o segmento de reta $\overline{cC}$, que representa a variação de velocidade $\overrightarrow{v_3} = \overrightarrow{v_2} - \overrightarrow{v_1}$ ocorrida no ponto $B$, deve ter a direção do segmento de reta $\overline{BS}$. Neste diagrama, os segmentos de reta $\overline{cC}$ e $\overline{BV}$ possuem tamanhos iguais e mesma direção. Por outro lado, os três segmentos de reta $\overline{AB}$, $\overline{Bc}$ e $\overline{VC}$ também possuem tamanhos iguais e mesma direção.

O ponto $S$ e a reta $\overline{AB}$ definem um plano, ao qual pertence também $\overline{BS}$. Como o impulso se dá nessa direção, a variação de velocidade, representada por $\overline{cC}$, também está no mesmo plano. Toda a figura permanece no mesmo plano inicial e, portanto, o movimento não pode se desviar dele.

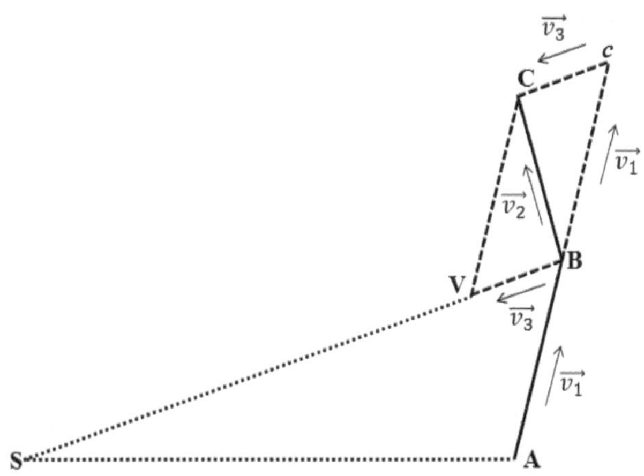


**Figura 9.** A variação de velocidade sofrida no ponto $B$ deve ter a direção da reta $BS$, já que $S$ é o centro de forças.

O passo seguinte é perceber que as áreas dos dois triângulos $SBC$ e $SBc$ são iguais entre si (Figura 10). De fato, os dois triângulos possuem a mesma base $\overline{SB}$; além disso, como o segmento de reta $\overline{Cc}$ é paralelo à base $\overline{SB}$, os dois pontos $C$ e $c$

estão à mesma distância (altura) da base. Portanto, as áreas dos dois triângulos *SBC* e *SBc* são iguais entre si. Porém, já havia sido provado antes (ao analisar o movimento inercial da partícula) que as áreas dos triângulos *SAB* e *SBc* também são iguais entre si.

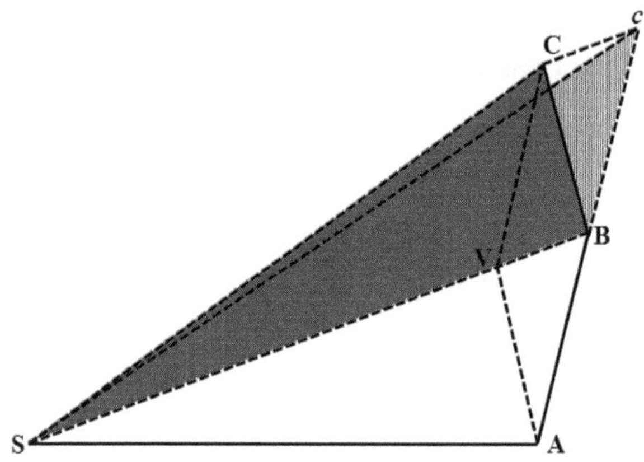


**Figura 10.** As áreas dos triângulos *SBC* e *SBc* são iguais, pois possuem a mesma base *SB* e a mesma altura, já que *Cc* é parelela a *SB*.

Assim, a área do primeiro triângulo *SAB* varrido no tempo $\Delta t$ pelo raio vetor que liga a partícula ao centro de forças *S* é igual à área do segundo triângulo *SBC* varrido também em um intervalo de tempo $\Delta t$ (Fig. 11). Utilizando-se o mesmo raciocínio, pode-se provar que a área do triângulo seguinte, *SCD*, também é igual às áreas de *SAB* e de *SBC*, e assim por diante. Assim, todos os triângulos varridos pelo raio vetor em tempos iguais são iguais; e as áreas varridas em intervalos de tempos diferentes serão proporcionais aos respectivos tempos.

Notemos que as únicas hipóteses físicas que foram utilizadas são (1) a lei da inércia, (2) a lei de composição das velocidades e (3) a ideia de que a variação da velocidade tem a mesma direção da reta que une a partícula ao centro de forças. Não existe nenhuma suposição sobre qual é o tipo de força, nem sobre como ela depende da distância. Além disso, se a força fosse repulsiva (em vez de atrativa) todo o raciocínio ainda seria válido.

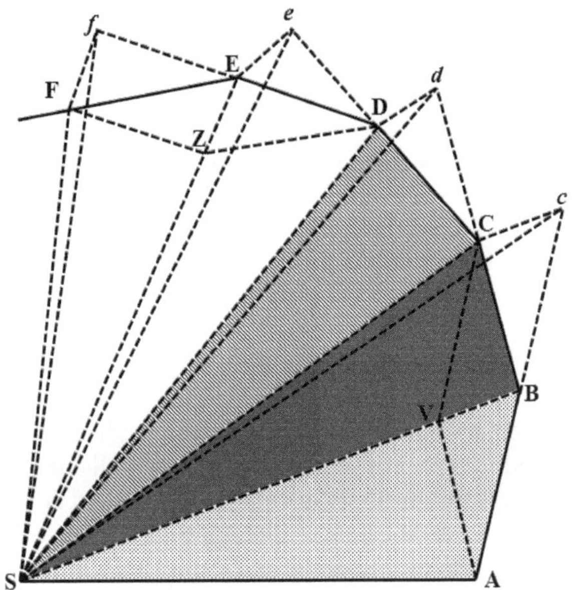


**Figura 11.** As áreas de todos os triângulos correspondentes a intervalos de tempo iguais, são iguais entre si.

A argumentação apresentada pelo próprio Newton em sua obra é bastante curta e poderá agora ser compreendida mais facilmente. Ela se refere apenas ao diagrama apresentado inicialmente (Fig. 4). A primeira parte do argumento, que se refere ao movimento inercial (primeira lei do movimento), é esta:

> Suponhamos que o tempo seja dividido em partes iguais; e que no primeiro intervalo desse tempo o corpo descreva a linha reta *AB* pela sua força inata. No segundo intervalo de tempo (pela Lei 1), se ele não for impedido, continuará diretamente até *c*, pela linha *Bc* igual a *AB*; e assim, pelos raios *AS*, *BS* e *cS* traçados até o centro, serão descritas as áreas iguais, *ASB*, *BSc*. (Newton, 1687, p. 37)

Notemos que Newton considera óbvio que os triângulos são iguais e não se dá ao trabalho de explicar o argumento geométrico.

Em seguida, Newton passa à situação em que existe uma força e utiliza (como foi feito acima) a regra do paralelogramo (Corolário 1 das leis do movimento):

> Porém, suponha que uma força centrípeta atua instantaneamente, com um grande impulso, quando o corpo chega a *B*; e que, desviando o corpo da linha reta *BC*, ela o obriga a continuar seu movimento na linha reta *BC*. Trace *cC* paralelo a *BS*, encontrando *BC* em *C*; e então, no fim do segundo intervalo de tempo (pelo Corolário 1 das Leis), ele será encontrado em *C*, no mesmo plano do triângulo *ASB*. Ligue *SC* e, já que *SB* e *Cc* são paralelos, o triângulo *SBC* será igual ao triângulo *SBc* e, portanto, também será igual ao triângulo *SAB*. Por um argumento semelhante, se a força centrípeta atua sucessivamente em *C*, *D*, *E* etc.; e faz com que o corpo, em cada intervalo de tempo, descrever as linhas retas *CD*, *DE*, *EF* etc.; todas elas ficarão no mesmo plano; e o triângulo *SCD* será igual ao triângulo *SBC*, e *SDE* a *SCD*, e *SEF* a *SDE*. E, portanto, em tempos iguais, serão descritas áreas iguais em um plano imóvel; e, por composição, quaisquer somas dessas áreas, como *SADS*, *SAFS*, estão uma para outra como os tempos em que são descritas. (Newton, 1687, p. 37-38)

O argumento é, essencialmente, o que já havia sido mostrado, porém mais sucinto. Por fim, Newton passa ao caso limite em que os intervalos de tempo vão tendendo a zero e o polígono tende a uma curva suave:

> Agora, deixe aumentar o número desses triângulos e sua largura diminuir ao infinito; então (pelo corolário 4, lema III) seu perímetro final *ADF* será uma linha curva e, assim, a força centrípeta pela qual o corpo é desviado sempre da tangente a essa curva, agirá continuamente. E quaisquer áreas descritas SADS, SAFS, que são sempre proporcionais aos tempos em

que são descritas, serão proporcionais a esses tempos também neste caso. Q.E.D. [*Quod Erat Demonstrandum*] (Newton, 1687, p. 38)

Essa demonstração constitui o *primeiro* teorema mecânico apresentado por Newton na sua obra. É uma das mais simples. Outras provas geométricas que ele apresenta (como as relacionadas com as órbitas elípticas) são muito mais complexas. Para nós, que não estamos habituados a esse tipo de argumentos, a leitura e compreensão dos *Princípios Matemáticos da Filosofia Natural* é muito difícil, sendo às vezes impossível de entender.

Voltando a um ponto levantado no início deste artigo, podemos questionar: e por que Newton não utilizou o cálculo diferencial e integral, bem como o formalismo algébrico, em sua obra? A resposta é simples. Ele escreveu para um público específico, que não conhecia ainda essa nova ferramenta matemática (Guicciardini, 1999, p. 107). Para ler os *Principia*, não era necessário adquirir o conhecimento do novo método matemático, pois ele era escrito em uma linguagem baseada na geometria.

## 5. O MÉTODO ANALÍTICO DE EULER

Newton faleceu em 1727. Nove anos depois, em 1736, um jovem matemático (com apenas 29 anos de idade) chamado Leonhard Euler publicou seu primeiro livro, um tratado de mecânica em dois volumes denominado *Mechanica sive motus scientia analytice exposita*, que pode ser traduzido por *Mecânica, ou a ciência do movimento exposta de modo analítico* (Fig. 12). O próprio título da obra é uma novidade, em dois sentidos. Primeiramente, porque até aquela época se dava o nome de "mecânica" principalmente ao estudo das máquinas e da estática. Em segundo lugar, porque o título do livro indica que o estudo será apresentado através de fórmulas (ou seja, de modo analítico) e não pelo método geométrico, como na obra de Newton.

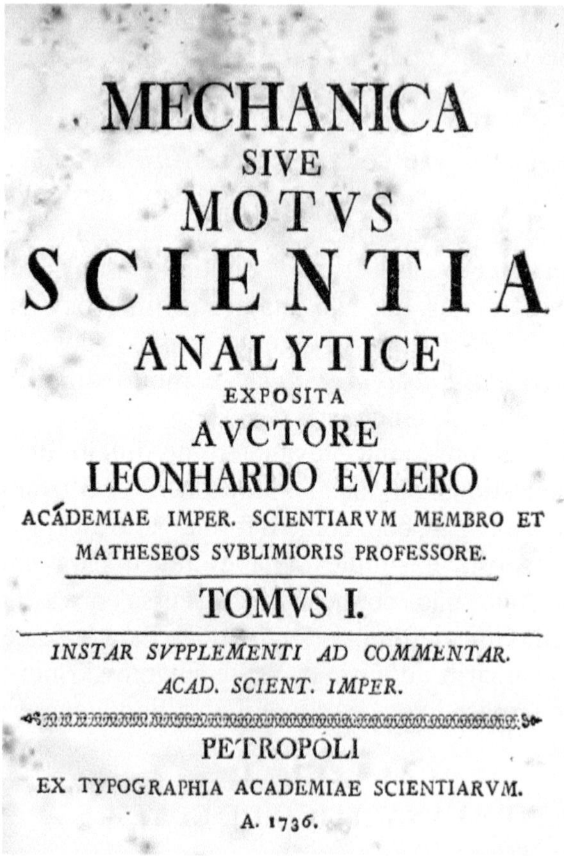

MECHANICA
SIVE
MOTVS
SCIENTIA
ANALYTICE
EXPOSITA
AVCTORE
LEONHARDO EVLERO
ACADEMIAE IMPER. SCIENTIARVM MEMBRO ET
MATHESEOS SVBLIMIORIS PROFESSORE.

TOMVS I.

*INSTAR SVPPLEMENTI AD COMMENTAR.*
*ACAD. SCIENT. IMPER.*

PETROPOLI
EX TYPOGRAPHIA ACADEMIAE SCIENTIARVM.
A. 1736.

**Figura 12.** Folha de rosto do tratado de Mecânica de Euler (1736).

No prefácio da obra, Euler menciona tanto o livro de Newton (os *Princípios Matemáticos da Filosofia Natural*) quanto a *Phoronomia* de Jakob Hermann como exemplos de obras que utilizam o método sintético (geométrico) e não o analítico (empregando equações e cálculo diferencial e integral). Devemos notar que, até o século XVII, os significados de "análise" e "síntese", na matemática, eram diferentes dos que ele utilizou. "Análise" era o método que consistia em reduzir o mais complexo ao mais simples, decompor, voltar atrás, procurando algo já conhecido ou um primeiro princípio que justifique aquilo que se quer provar; "síntese" era o método de progredir do mais simples e particular para o mais complexo e geral (Heath, 1921, v. 1, p. 371; v. 2, p. 400-401).

> Aquilo que ocorre com todos os escritos compostos sem o uso da análise vale principalmente para a Mecânica; mesmo se o leitor ficar convencido da verdade das coisas lá apresentadas, ele será incapaz de obter um conhecimento suficientemente claro e distinto delas; e se os mesmos problemas forem mudados ligeiramente, ele pode ter grandes dificuldades de resolvê-los, a menos que recorra à análise e desenvolva as mesmas proposições pelo método analítico. Assim, eu sempre tive a mesma dificuldade em fazer uso disso, quando examinei os *Principia* de Newton ou a *Phoronomia* de Hermann, pois mesmo quando as soluções dos problemas me pareciam estar satisfatoriamente compreendidos, bastava uma pequena mudança e eu não era capaz de resolver o novo problema. Assim, há muito tempo, tanto quanto sou capaz, tenho procurado obter pela análise o que se oculta nesses métodos sintéticos, para poder apresentar as mesmas proposições que são manipuladas mais facilmente por meu próprio método analítico. Assim, trabalhando com esse último método, obtive um aumento perceptível de minha compreensão. [...] E assim nasceu este tratado sobre o movimento, no qual são apresentadas convenientemente na devida ordem tanto as coisas que encontrei nos escritos de outros sobre o movimento dos corpos, como também minhas próprias considerações, demonstradas pelo método analítico. (Euler, 1736, v. 1, páginas sem número)

No primeiro capítulo da *Mechanica*, Euler primeiramente apresenta uma série de definições sobre o movimento e depois começa a introduzir equações que envolvem, inicialmente, relações entre números abstratos produzidos por razões entre grandezas do mesmo tipo. Por exemplo, a Proposição 2, Teorema, seção 25: “Para dois corpos que avançam com movimento uniforme, as velocidades são diretamente [proporcionais] aos espaços percorridos por cada um e inversamente com o tempo no qual esses espaços são percorridos” (Euler, 1736, v. 1, p. 9)

> Demonstração. Sejam $A$ e $a$ os dois corpos, e suas velocidades [*celeritas*] $C$ e $c$; e que o corpo $A$ percorre um espaço [*spatium*] $S$ no tempo [*tempus*] $T$, enquanto o corpo $a$ [percorre] um espaço $s$ no tempo $t$. Como no movimento uniforme as distâncias são proporcionais aos tempos (18), o espaço que o corpo $a$ completa no tempo $T$ pode ser determinado pela proporção $t:T = s:\frac{sT}{t}$. Portanto, o corpo $a$ se moverá em um tempo $T$ um espaço $\frac{sT}{t}$. Mas, no mesmo tempo $T$, o corpo $A$ se move um espaço $S$. As velocidades dos corpos devem ser medidas pelos espaços que eles percorrem no mesmo tempo (18). Por isso, $C:c = S:\frac{sT}{t}$, ou $C:c = \frac{S}{T}:\frac{s}{t}$. Daí se seguem que as velocidades são diretamente [proporcionais] aos espaços e inversamente aos tempos em que eles são percorridos. Q.E.D. (Euler, 1736, v. 1, p. 10)

É relevante observar que Euler utiliza letras para representar as grandezas físicas (algo que Newton não fazia) e que a escolha dessas letras está associada aos seus nomes, em latim. Assim, a velocidade é representada por $c$ (inicial de *celeritas*), a distância ou espaço percorrido por $s$ (*spatium*) e o tempo por $t$ (*tempus*). Ainda utilizamos $s$ e $t$, mas $c$ foi substituído por $v$ (de *velocitas*), pois utilizamos geralmente $c$ para representar uma constante.

Embora na citação acima Euler estivesse ainda utilizando razões e proporções, devemos notar que ele já escrevia $\frac{S}{T}$, ou seja, estava dividindo um espaço por um tempo; e também $\frac{sT}{t}$, onde aparece um espaço multiplicado por um tempo. Além disso, ele utiliza o próprio sinal de igualdade, em vez do sinal de proporcionalidade que havia sido adotado no século anterior.

Essa atitude de ignorar as restrições do conceito de divisão da matemática clássica vai avançando, nos trechos seguintes de sua obra, sem qualquer justificativa.

> §26. A partir da última proporção [*analogia*] é produzida esta equação $\frac{CT}{S} = \frac{ct}{s}$. Portanto, em qualquer movimento uniforme, o produto da velocidade pelo tempo, dividido pelo

> espaço percorrido naquele tempo, dá sempre o mesmo quociente. (Euler, 1736, v. 1, p. 10)

Aqui, Euler se refere explicitamente ao *produto da velocidade pelo tempo*, ou seja, a multiplicação de duas grandezas concretas, *dividido pelo espaço percorrido*, ou seja, a divisão por um número concreto. As duas citações seguintes mostram que ele passa a se referir frequentemente ao produto e à divisão de grandezas físicas:

> Corolário 4. §29. Dada a velocidade de um corpo que se move uniformemente, e algum espaço percorrido, pode-se obter o tempo em que esse espaço foi percorrido, a saber, dividindo o espaço pela velocidade. [...]
>
> Corolário 5. §30. De modo semelhante, a velocidade pode ser expressa pelo espaço percorrido dividido pelo tempo; e o próprio espaço também pelo produto do tempo pela velocidade. (Euler, 1736, v. 1, p. 11)

Depois de introduzir os conceitos básicos da cinemática, Euler começa a realizar deduções e, aqui, ele abandona totalmente o método geométrico de Newton e passa a utilizar o cálculo diferencial e integral, como no exemplo abaixo:

> Proposição 4. Teorema. §37. Um corpo se move com algum tipo de movimento variável ao longo da linha *AM*, sendo dada a velocidade do corpo em cada ponto; pede-se determinar o tempo no qual o arco *AM* é completado. (Euler, 1736, v. 1, p. 13)
>
> Solução. Seja *AM* o espaço $=s$ da linha reta ou curva; e seja $c$ a velocidade que o corpo tem em $M$, que será alguma função do próprio $s$. A partir de $M$ toma-se o elemento $Mm$, que se considera ser atravessado com a velocidade uniforme $c$. Sendo o elemento $Mm$ chamado de $ds$, o tempo em que este elemento é percorrido $= \frac{ds}{c}$ (29). Portanto, integrando, é obtido o tempo em que o arco todo é completado $= \int \frac{ds}{c}$. Deve

ser adicionada a essa integral uma constante que torne esse tempo =0, quando se faz *s*=0, segundo as regras de integração conhecidas. Q.E.I. (Euler, 1736, v. 1, p. 13-14)

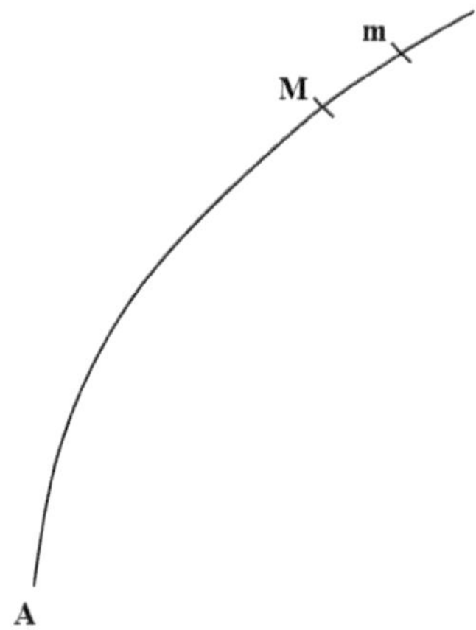


**Figura 14.** Diagrama de Euler para explicar o Teorema do §37.

O diagrama utilizado aqui por Euler (Fig. 14) não serve para auxiliar a dedução (como em Huygens e Newton), mas apenas para ilustrar a situação que ele está estudando. Notemos que ele utilizou a divisão da distância pela velocidade e que introduziu diretamente o uso de integrais na cinemática. Para que não se pense que a notação aqui mostrada é anacrônica, é útil conferir a imagem do trecho correspondente do livro de Euler (Fig. 15).

14 *CAPUT PRIMUM*

leritate *c* percurri concipiendum eſt. Vocato elemento *Mm*, *ds*; erit tempus, quo hoc elementum pecurritur $=\frac{ds}{c}$ (29.). Integrando ergo habebitur tempus, quo totus arcus AM abſoluitur $=\int\frac{ds}{c}$. Ad integrale vero talis adiici debebit conſtans, quae reddat hoc tempus $=0$, ſi ponitur $s=0$, ſecundum notas integrationis regulas. Q. E. J.

**Figura 15.** Parte da demonstração do Teorema do §37 no livro de Euler, onde podemos observar a notação que ele utilizou (Euler, 1736, v. 1, p. 14).

Nem tudo o que Euler fazia em 1736 corresponde exatamente à nossa abordagem. Ele não usava, por exemplo, o conceito de aceleração. Nos pontos em que esperaríamos o surgimento desse conceito, ele utiliza uma grandeza sem nome que corresponde ao *inverso* da aceleração, como aqui:

> Corolário 3. §133. Se, portanto, no início do seu movimento, a velocidade adquirida em um pequeno tempo *t* é chamada de *c* e o espaço percorrido é *s*, teremos *t*=*nc*. Mas também $t = \int \frac{ds}{c}$ (37). Portanto, se deduz $nc = \int \frac{ds}{c}$ ou $ncdc = ds$, de onde sai $s = \frac{nc^2}{2} = \frac{t^2}{2n}$. Logo, os espaços descritos desde o início do movimento estão na razão dupla dos tempos [são proporcionais aos quadrados dos tempos] ou das velocidades adquiridas nesses espaços. (Euler, 1736, v. 1, p. 52)

Observemos que a grandeza *n* aqui utilizada por Euler corresponde ao inverso da aceleração, pois escreveríamos *c*=*at* em vez de *t*=*nc*, e $s = \frac{at^2}{2}$ em vez de $s = \frac{t^2}{2n}$.

Ao introduzir considerações dinâmicas, Euler não utilizou o termo Newtoniano para força (*vis*) e sim o de potência (*potentia*), mas seu uso é muito semelhante, como nos exemplos abaixo:

> Proposição 19. Teorema. §150. Se o ponto se move na direção *AM* e percorre o pequeno espaço *Mm*, sendo solicitado pela potência *p* que o puxa na mesma direção, o aumento de velocidade que esse ponto adquire é como [é proporcional a] a potência que o solicita multiplicada por esse pequeno tempo em que ele percorre o elemento [de distância] *Mm*. (Euler, 1736, v. 1, p. 61)

Ou seja, a variação de velocidade *dc* é proporcional a *pdt*, o que é semelhante ao que escreveríamos como $dv \propto Fdt$. Vejamos outros exemplos:

> Corolário 1. §151. Seja o ponto que está em *M*, com velocidade *c*, e o pequeno espaço *Mm=ds*, sendo $dt = \frac{ds}{c}$, pois se deve considerar que o elemento *Mm* é descrito por um movimento uniforme. Como, além disso, *dc* é como *pdt* [proporcional a *pdt*], *dc* será proporcional a *pds/c*, ou *cdc* proporcional a *pds*. Portanto, o aumento do quadrado da velocidade é proporcional à potência multiplicada pelo elemento de espaço percorrido. (Euler, 1736, v. 1, p. 62)

Ou, com nossa representação: $d(v^2) \propto Fds$ e, portanto, $\Delta(v^2) \propto F\Delta s$. O significado físico é semelhante ao de nossa consideração atual de que a variação da energia cinética de uma partícula é igual ao trabalho realizado pela força que age sobre ela, embora os conceitos de trabalho e energia cinética não existissem naquela época.

Logo em seguida, Euler introduziu o papel da massa inercial, que ele descreve como sendo a quantidade de matéria da partícula, ou o número de "pontos" que ela contém:

> Proposição 20. Teorema. §154. Se a direção do movimento dos pontos é igual à direção das potências, o aumento de velocidade será proporcional à potência vezes o pequeno tempo e dividida pela matéria ou quantidade de pontos. (Euler, 1736, v. 1, p. 63)

Ou seja: a variação de velocidade *dc* é proporcional a $\frac{pdt}{A}$. Euler não utilizou nenhum símbolo especial para a quantidade de matéria (ou massa), representando essa grandeza, em cada caso, pela mesma letra que representa o próprio corpo que está se movendo, como no exemplo abaixo. Além disso, para passar de uma *proporcionalidade* a uma *equação*, Euler introduziu uma constante *n* cuja natureza não é esclarecida neste ponto, embora seja discutida posteriormente:

> Corolário 1. §155. Então, se a velocidade do ponto *A* for *c*, teremos $dc = \frac{npdt}{A}$, onde *n* indica sempre um número que

> não depende nem da potência, nem do tempo, nem da quantidade de pontos.
>
> Corolário 2. §156. A quantidade de matéria *A* aqui considerada vem da relutância à potência que solicita, isto é, corresponde à força de inércia [*vis inertiae*]. Assim, o aumento da velocidade é como [proporcional a] a potência que solicita e o pequeno tempo diretamente, mas inversamente à força de inércia do corpo.
>
> Corolário 3. §157. Considerando o espaço *Mm=ds*, temos $dt = \frac{ds}{c}$. Portanto, $dc = \frac{npds}{Ac}$, ou teremos $cdc = \frac{npds}{A}$. Portanto, o aumento do quadrado da velocidade é produzido pela potência multiplicada pelo pequeno espaço percorrido, dividido pela massa ou força de inércia dos corpúsculos. (Euler, 1736, v. 1, p. 64)

A primeira equação aqui apresentada por Euler é correspondente a $dv = \frac{Fdt}{m}$, ou $m\frac{dv}{dt} = F$ (nossa forma da "segunda lei de Newton"), embora ele não a escreva desse modo.

Na *Mechanica* e em suas outras obras, Euler continuou a elaborar e utilizar esse formalismo (González Redondo, 2003), mas não vamos discutir aqui esse desenvolvimento posterior.

## 6. ENTRE NEWTON E EULER

Quando examinamos o formalismo empregado por Leonhard Euler em sua mecânica, nós nos sentimos muito mais confortáveis do que ao tentar compreender os *Principia* de Newton. De fato, tanto o uso de um formalismo algébrico quanto o emprego do cálculo diferencial e integral (com o simbolismo desenvolvido por Leibniz) que Euler empregou na sua *Mechanica* foram depois de algum tempo adotados por quase todos – e chegaram até nossos livros didáticos. A importância da contribuição de Euler, sob esse aspecto, é indiscutível e tem sido reconhecida pelos historiadores da ciência (Maronne; Panza, 2014).

Devemos, porém, ter o cuidado de não imaginar que Euler, sozinho, criou e impôs esse novo formalismo. A construção da ciência é um trabalho coletivo, lento, com idas e voltas. Cada avanço depende de inúmeras contribuições de um grande número de pessoas, muitas das quais são quase totalmente desconhecidas hoje em dia. Essa transformação do formalismo da mecânica clássica não é uma exceção.

Uma primeira pista que salta aos olhos é o uso do cálculo diferencial e integral *com o formalismo de Leibniz*. Como é bem conhecido, Newton e Leibniz criaram independentemente suas versões do cálculo diferencial e integral, com diferentes conceituações e simbolismos bem diversos. Os símbolos de diferencial, derivada e integral que usamos hoje em dia são os de Leibniz. Raramente utilizamos o simbolismo dos *fluxions* de Newton, exceto em alguns pontos especiais da mecânica clássica em que escrevemos $\dot{x}$ para derivada de $x$ em relação ao tempo e $\ddot{x}$ para a componente $x$ da aceleração. O símbolo de Newton para a integral, que era um quadrado (para simbolizar áreas) nunca é usado hoje em dia. O formalismo do cálculo diferencial e integral que Euler usou mostra que, *pelo menos neste aspecto*, ele estava sendo influenciado por Leibniz. Na verdade, a influência foi mais ampla.

Até meados do século XVII, praticamente todos os matemáticos consideravam que razões eram diferentes de divisões e não eram números nem frações; e que proporções, sendo relações entre duas razões, não eram igualdades ou equações (Sylla, 1984). Por isso, eram utilizados símbolos diferentes para essas coisas. A divisão era geralmente representada sob a forma de uma fração e o símbolo de igualdade que utilizamos hoje em dia já era comum, naquela época. Assim, podia-se escrever $\frac{42}{6} = \frac{21}{3}$, por exemplo. Para razões e proporções, o simbolismo mais utilizado na segunda metade do século XVII era o que foi proposto por Vincent Wing em 1651(Cajori, 1993, v. 1, p. 275), representando "a razão de *a* para *b* é proporcional à razão de *c* para *d*" por $a : b :: c : d$.

Leibniz, no entanto, se posicionou em 1693 contra essas distinções clássicas:

> Eu sempre desaprovei o fato de que são usados símbolos especiais em razões e proporções; pois para a razão é suficiente o sinal de divisão, e da mesma forma para proporção é suficiente o sinal de igualdade. Assim eu escrevo a razão de *a* para *b* assim: $a : b$ ou $\frac{a}{b}$, assim como é feito ao dividir *a* por *b*. Eu designo proporção, ou a igualdade de duas razões, pela igualdade das duas divisões ou frações. Assim, quando eu exprimo que a razão de *a* para *b* é a mesma que a de *c* para *d*, é suficiente escrever $a : b = c : d$ ou $\frac{a}{b} = \frac{c}{d}$. (Leibniz, *apud* Cajori, 1993, v. 1, p. 295)

Note-se que Leibniz decidiu simplesmente *ignorar* uma tradição matemática de dois mil anos, sem apresentar qualquer justificativa mais aprofundada.

Em seus escritos sobre mecânica, Leibniz utilizou principalmente a linguagem das razões e proporções, descrevendo seus raciocínios através de palavras e não por equações. Porém, em vários pontos, ele começou a utilizar divisões em vez de razões, bem como empregar fórmulas algébricas para representar as relações entre as grandezas (González Redondo, 2004).

Vejamos, em primeiro lugar, alguns exemplos da pequena obra com o longo título *Essay de dynamique sur les loix du mouvement, ou il est monstré, qu'il ne se conserve pas la même quantité de mouvement, mais la même force absolue, ou bien la même quantité de l'action motrice* (Leibniz, 1860, p. 215-231), escrita por Leibniz provavelmente entre 1699 e 1701 (Duchesneau, 1994, p. 244). Nessa obra, Leibniz utiliza tanto a ideia de divisão de uma grandeza física por outra, como a de seu produto, sem apresentar qualquer justificativa, muitas vezes misturando a linguagem de razões e proporções com divisões e igualdades.

> Assim, as velocidades estão na razão composta da [razão/ direta dos espaços percorridos e da [razão] recíproca dos tempos empregados. *Ou, o que é a mesma coisa, para ter a estimativa da velocidade, deve-se tomar o espaço e dividi-lo pelo tempo*. Por exemplo, *A* completa 4 pés em três segundos e *B* completa 2 pés em um segundo; a velocidade de *A* será como 4 dividido por 3, quer dizer, como $\frac{4}{3}$, e a velocidade de B será como 2 dividido por 1, quer dizer, como 2, de modo que a velocidade de A estará para a de B como $\frac{4}{3}$ para 2, quer dizer, como 2 para 3. (Leibniz, 1860, p. 222; trecho enfatizado por mim)

> Entende-se por quantidade de movimento o produto da massa pela velocidade, de modo que, sendo a massa do corpo como 2 e a velocidade como 3, a quantidade de movimento do corpo seria como 6. Assim, se houver dois corpos que se encontram, multiplicando a massa de cada um por sua velocidade e tomando a soma dos produtos, pretende-se que essa soma deve ser a mesma antes e depois do encontro. (Leibniz, 1860, p. 216)

Na mesma obra, Leibniz introduz equações algébricas para representar relações entre grandezas físicas e fazer deduções. Ele analisa a colisão de dois corpos elásticos *a* e *b* representando suas velocidades antes do choque por *v* e *y*; e suas velocidades depois do choque por *x* e *z*, indicando que essas velocidades podem ter sinais negativos. As massas dos dois corpos são indicadas pelas mesmas letras que os representam, ou seja, *a* e *b* (Leibniz, 1860, p. 226). Escreve, então, as seguintes equações:

> I. *Equação linear*, que exprime a conservação da causa do choque ou da velocidade respectiva:
>
> $$v - y = z - x$$
>
> onde $v - y$ significa a velocidade respectiva entre os corpos, com a qual se aproximam antes do choque, e $z - x$ significa a velocidade respectiva com a qual eles se afastam depois do choque. E essa velocidade respectiva é sempre a mesma

quantidade antes ou depois do choque, supondo que os corpos sejam bem elásticos, é isso o que diz essa equação. Deve-se apenas observar que como os sinais variam na explicação do detalhe, essa regra geral conterá todos os casos particulares. O que ocorre também na equação seguinte:

II. *Equação plana*, que exprime a conservação do progresso comum ou total dos dois corpos

$$av + by = ax + bz$$

[...]

III. *Equação sólida*, que exprime a conservação da força total absoluta ou da ação motriz

$$avv + byy = axx + bzz$$

(Leibniz, 1860, p. 227)

A "equação sólida" de Leibniz corresponde à nossa lei da conservação da energia cinética (válida para choques elásticos); ele escreve $avv$ em vez de $av^2$, como fazemos hoje. Essas três relações haviam sido utilizadas por Huygens no seu estudo de colisões, porém sem utilizar o formalismo algébrico que Leibniz introduz aqui. A vantagem desse formalismo é que o autor pode desenvolver demonstrações muito mais simples – exatamente como fazemos até hoje. Ele indica, por exemplo, que as três equações indicadas acima não são independentes e que bastam duas delas, pois a terceira pode ser obtida das outras duas, o que mostra de forma muito simples:

> Pela primeira, temos $v + x = y + z$ e, pela segunda, teremos $a(v - x) = b(z - y)$. Multiplicando uma equação pela outra segundo os lados correspondentes, teremos $a(v - x)(v + x) = b(z - y)(z + y)$, o que produz $avv - axx = bzz - byy$, ou a terceira equação. (Leibniz, 1860, p. 228)

Na citação acima, apenas fizemos uma pequena mudança de notação, pois Leibniz não utilizava parênteses. Em vez de $a(v - x)$ ele escrevia $a, v - x$ e assim por diante, nos outros casos.

O uso de simbolismo algébrico já aparece anteriormente em outra obra de Leibniz, *Dynamica de potentia et legibus naturae corporeae* (Leibniz, 1860, p. 281-514) , escrita em 1689, que é a mais ampla formulação de sua mecânica. No entanto, quase todo esse tratado utiliza argumentos com razões e proporções, bem como análises geométricas; apenas em uma pequena parte (Leibniz, 1860, p. 425-431) ele apresenta equações algébricas, acrescentando também o uso de integrais de grandezas físicas.

A abordagem de Leibniz influenciou diretamente seu principal discípulo Christian Wolff, bem como a família Bernoulli. Ora, Leonhard Euler foi aluno de Johann Bernoulli e colega de Daniel, Nikolaus e Johann Bernoulli filho (Suisky, 2009, p. vii). Encontra-se, então, uma conexão indireta entre o formalismo utilizado por Euler e aquele que Leibniz já havia começado a empregar algumas décadas antes.

A história é, no entanto, mais complexa. Michel Blay publicou trabalhos em que mostrou que Leibniz e a família Bernoulli ainda não haviam conseguido desenvolver plenamente o uso do cálculo diferencial e integral na mecânica. Esse historiador atribui um papel fundamental a Pierre Varignon (Blay, 1988; Blay, 1992), que escreveu vários trabalhos entre 1707 e 1711 nos quais estudou o movimento de projéteis submetidos a resistências, apresentando um método geral de resolução que tem grande semelhança com as equações diferenciais que utilizamos hoje em dia.

Niccolò Guicciardini (1996), por outro lado, mostrou o importante papel de Jakob Hermann, que reformulou resultados de Newton (como sua demonstração da lei das áreas) utilizando o cálculo diferencial e integral. Como vimos, Euler citou a *Phoronomia* de Jakob Hermann, mas apenas para criticá-la; na verdade, em vários pontos dessa obra encontramos o uso de letras para representar as grandezas físicas, equações algébricas para representar suas relações, multiplicação e divisão de grandezas concretas (Hermann, 1716, p. 2-4), bem como o uso do cálculo diferencial e integral para resolver questões da mecânica.

Temos, infelizmente, uma tendência a tentar simplificar a história, procurando os "grandes personagens" que deram os "passos fundamentais" que levaram ao que aceitamos hoje em dia. Por causa disso, até mesmo os historiadores da ciência podem privilegiar indevidamente as contribuições de pesquisadores mais conhecidos – como Leibniz e Euler – ignorando a importância do trabalho de outros autores menos conhecidos. Não temos dúvidas de que, se for feita uma busca cuidadosa, serão encontrados muitos outros autores e trabalhos que não foram citados aqui e que contribuíram para a mudança de abordagem na mecânica, passando do método geométrico, com uso de razões e proporções, para o método algébrico, incorporando também o cálculo diferencial e integral. Quem foi o "primeiro" a fazer isso? A pergunta é inadequada, justamente porque o desenvolvimento da ciência depende de inúmeras contribuições de muitas pessoas.

## 7. CONSIDERAÇÕES FINAIS

As técnicas matemáticas podem ajudar muito no desenvolvimento da física, mas devemos perceber que elas são apenas um *instrumento*. Um marceneiro, alguns séculos atrás, não dispunha das ferramentas elétricas atuais, como furadeira, serra, parafusadeira etc. Ele empregava instrumentos manuais que exigiam força muscular e habilidade, que atualmente consideramos muito pouco práticos. No entanto, um bom marceneiro era capaz de produzir móveis de altíssima qualidade. Na física, podemos considerar que ocorre algo semelhante. Newton era capaz de deduzir, pelo seu método geométrico, resultados de extrema complexidade – como a análise das perturbações do movimento da Lua, levando em conta a influência do Sol e o achatamento da Terra. Um estudante universitário (ou mesmo um professor universitário de Mecânica) pode ser incapaz de obter resultados semelhantes. No entanto, não há dúvidas de que o uso dos instrumentos matemáticos adequados pode *facilitar* muito o trabalho do estudante e do pesquisador. Este artigo mostrou o desenvolvimento de um dos aspectos da evolução do formalismo matemático da Mecânica, que está incorporado ao ensino contemporâneo e cujo desenvolvimento é pouco conhecido.

## AGRADECIMENTOS

O autor agradece o apoio recebido do Conselho Nacional de Desenvolvimento Científico e Tecnológico (CNPq), sem o qual teria sido impossível desenvolver este trabalho.

## REFERÊNCIAS BIBLIOGRÁFICAS

ARIOTTI, Piero E. Aspects of the conception and development of the pendulum in the 17th century. *Archive for History of Exact Sciences*, **8** (5): 329-410, 1972.

BEAULIEU, Anne. Christiaan Huygens et Mersenne l'inspirateur. Pp. 25-31, in : ACLOQUE, Paul *et al*. *Huygens et la France*. Paris : J. Vrin, 1981.

BLACKWELL, Richard J. Christiaan Huygens' "The motion of colliding bodies". *Isis*, **68**: 574-597, 1977.

BLAY, Michel. *La naissance de la mécanique analytique*. La science du mouvement au tournant des XVII e et XVIII e siècles. Paris: Presses Universitaires de France, 1992.

BLAY, Michel. Varignon ou la théorie du mouvement des projectiles 'comprise en une Proposition générale'. *Annals of Science*, **45** (6): 591-618, 1988.

BOS, Henk Jan Maarten. Christiaan Huygens. Vol. 6, pp. 597-613, in: GILLESPIE, Charles Coulston (ed.). *Dictionary of scientific biography*. New York: Charles Scribner's Sons, 1972.

BOYER, Carl B. *A history of mathematics*. New York: John Wiley & Sons, 1968.

BUKOWSKI, John. Christiaan Huygens and the problem of the hanging chain. *The College Mathematics Journal*, **39** (1): 2-11, 2008.

CAJORI, Florian. *A history of mathematical notations*. New York: Dover, 1993. 2 vols.

COSTABEL, Pierre. Isochronisme et accélération (1638-1687). *Archives Internationales d'Histoire des Sciences*, **28** (102): 3-20, 1978.

CROWE, Michael J. *A history of vector analysis: the evolution of the idea of a vectorial system*. Notre Dame: University of Notre Dame Press, 1967.

DUCHESNEAU, François. *La dynamique de Leibniz*. Paris: J. Vrin, 1994.

ERLICHSON, Herman. Huygens and Newton on the problem of circular motion. *Centaurus*, **37** (3): 210-229, 1994.

ERLICHSON, Herman. Christiaan Huygens' discovery of the center of oscillation formula. *American Journal of Physics*, **64** (5): 571-574, 1996.

ERLICHSON, Herman. The young Huygens solves the problem of elastic collisions. *Amerian Journal of Physics*, **65**: 149-154, 1997.

EULER, Leonhard. *Mechanica sive motus scientia analytice exposita*. 2 vols. Petropoli: ex Typographia Academiae Scientiarum, 1736.

FABIEN, Chareix. La découverte des lois du choc par Christiaan Huygens. *Revue d'Histoire des Sciences*, **56** (1): 14-58, 2003.

GONZÁLEZ REDONDO, Francisco A. La contribución de Leonard Euler a la matematización de las magnitudes y las leyes de la mecánica, 1736-1765. *Lull*, **26**: 837-857, 2003.

GONZÁLEZ REDONDO, Francisco A. La formulación matemática de la Mecánica en el siglo XVII: Galileo, Newton, Leibniz. *Boletín de la Sociedad Puig Adam de Profesores de Matemáticas*, **66**: 74-90, Febrero 2004.

GUICCIARDINI, Niccolò. An episode in the history of dynamics: Jakob Hermann's proof (1716-1717) of Proposition 1, Book 1, of Newton's *Principia*. *Historia Mathematica*, **23**: 167-181, 1996.

GUICCIARDINI, Niccolò. *Reading the Principia: The debate on Newton's mathematical methods for natural philosophy from 1687 to 1736*. Cambridge: Cambridge University Press, 1999.

HEATH, Thomas Little. *A history of Greek mathematics*. 2 vols. Oxford: The Clarendon Press, 1921.

HERMANN, Jacob. *Phoronomia, sive de viribus et motibus corporum solidorum et fluidorum*. Amstelaedami: apud Rod. & Gerh. Wetstenios, 1716.

LEIBNIZ, Gottfried Wilhelm. *Leibnizens mathematische Schriften*. Zweite Abtheilung. Die mathematischen Abhandlungen Leibnizens enthaltend. Band II. Editado por Karl Immanuel Gerhardt. Halle: H. W. Schmidt, 1860.

MAHONEY, Michael S. Huygens and the pendulum: From device to mathematical relation. Pp. 17-39, in: *The growth of mathematical knowledge*. Dordrecht: Springer, 2000.

MARONNE, Sébastien; PANZA, Marco. Euler, reader of Newton: mechanics and algebraic analysis. *Advances in Historical Studies*, **3** (1): 12-21, 2014.

MARTINS, Roberto de Andrade. Estado de repouso e estado de movimento: uma revolução conceitual de Descartes. Pp. 291-308, in: PEDUZZI, Luiz; MARTINS, André Ferrer; FERREIRA, Juliana (eds.). *Temas de história e filosofia da ciência no ensino*. Natal: Editora da UFRN, 2012.

MARTINS, Roberto de Andrade. Galileo e a rotação da Terra. *Caderno Brasileiro de Ensino de Física,* **11** (3): 196-211, 1994.

NEWTON, Isaac. *Philosophiae naturalis principia mathematica*. London: jussu Societatis Regiae ac typis Josephi Streater, 1687.

SILVA, Cibelle Celestino. A escolha de uma ferramenta matemática para a física: o debate entre os quatérnions e a álgebra vetorial de Gibbs e Heaviside. Pp. 115-126, in: MARTINS, R. A.; MARTINS, L. A. C. P.; SILVA, C. C.; FERREIRA, J. M. H. (eds.). *Filosofia e história da ciência no Cone Sul: 3º Encontro*. Campinas: AFHIC, 2004.

SMITH, David Eugene. *A history of mathematics*. 2 vols. New York: Dover, 1951.

SPEISER, David. Le Horologium Oscillatorium de Huygens et les Principia. *Revue Philosophique de Louvain*, **86** (72): 485-504, 1988.

STEPHENSON, Reginald. Development of vector analysis from quaternions. *American Journal of Physics*, **34**: 194-201, 1966.

SUISKY, Dieter. *Euler as physicist*. Berlin: Springer, 2009.

SYLLA, Edity. Compounding ratios. Bradwardine, Oresme, and the first edition of Newton's *Principia*. Pp. 11-43, in: MENDELSOHN, Everett (ed.). *Transformation and tradition in the sciences*. Essays in honor of I. Bernard Cohen. Cambridge: Cambridge University Press, 1984.

VILAIN, Christiane. Christiaan Huygens' Galilean mechanics. Pp185-198, in: PALMERINO, Carla Rita; THIJSSEN, J. M. M. H. (eds.). *The reception of the Galilean science of motion in seventeenth-century Europe*. Dordrecht: Springer, 2004.

YODER, Joella G. *Unrolling time. Christiaan Huygens and the mathematization of nature*. Cambridge: Cambridge University Press, 2004.

www.ingramcontent.com/pod-product-compliance
Ingram Content Group UK Ltd.
Pitfield, Milton Keynes, MK11 3LW, UK
UKHW041636190726
13854UKWH00006B/2530

9 786599 689062